Ali Khalfallah

Comprendre les principes fondamentaux de la résistance des matériaux

De la théorie à l'application

EDILIVRE

Cet ouvrage a été composé par Edilivre

Immeuble Le Cargo, 157 boulevard Mac Donald – 75019 Paris
Tél. : 01 41 62 14 40 – Fax : 01 41 62 14 50
Mail : client@edilivre.com
www.edilivre.com

Imprimé en France
Texte intégral

Dépôt légal.

ISBN papier : 978-2-414-63816-1

Tous nos livres sont imprimés dans les règles environnementales les plus strictes.

Préface

La résistance des matériaux est une discipline fondamentale du génie mécanique et génie civil. Elle est appliquée dans le dimensionnement, la vérification à la résistance et la détermination des propriétés mécaniques des structures. Comprendre les principaux fondamentaux de la résistance des matériaux est essentiel, permettant non seulement de concevoir des structures sûres et efficaces, mais également de prolonger leur durée de vie en anticipant et en prévenant les défaillances potentielles.

Ce livre, conçu pour les étudiants en LMD, a pour objectif de fournir une introduction claire et complète à cette discipline. Il vise à combler le fossé entre la théorie et la pratique, en offrant aux étudiants les outils nécessaires pour appliquer les concepts théoriques à des situations réelles.

Destiné à être à la fois un cours théorique et un recueil d'exercices, cet ouvrage présente les notions fondamentales de la résistance des matériaux de manière simplifiée, sans compromettre la rigueur scientifique. Chaque concept est illustré par des exemples concrets issus de la vie quotidienne, facilitant ainsi la compréhension et l'importance de cette discipline dans les domaines technologiques et d'ingénierie.

Par exemple, en étudiant la résistance des poutres sous différentes charges, les étudiants pourront comprendre comment ces principes s'appliquent à la construction de ponts, de bâtiments et bien d'autres structures. De plus, les exercices proposés à la fin de chaque chapitre permettent aux étudiants de tester leur compréhension et d'affiner leurs compétences en résolution de problèmes.

Le contenu de ce livre est structuré en huit chapitres principaux, chacun traitant des différents aspects de la résistance des matériaux :

- Introduction à la Résistance des Matériaux : Ce chapitre pose les bases théoriques et les hypothèses fondamentales de la résistance des matériaux, nécessaires à la compréhension des concepts ultérieurs.
- Torseur de cohésion : Il développe la notion de torseur de cohésion, un outil essentiel pour analyser les efforts intérieurs dans les structures.
- Traction simple : La sollicitation en traction simple est abordée, avec une présentation détaillée de l'essai de traction, du calcul de la contrainte normale et des conditions de résistance.
- Cisaillement simple : Ce chapitre traite de la sollicitation en cisaillement, incluant l'essai de cisaillement et le calcul de la contrainte tangentielle.
- Caractéristiques géométriques des sections planes : Ce chapitre est dédié à l'étude des caractéristiques géométriques des sections planes. Ces propriétés permettent de déterminer la résistance et la rigidité des éléments soumis à différentes sollicitations.
- Torsion simple : La torsion simple est explorée, avec un accent sur l'essai de torsion et les relations entre le moment de torsion et les contraintes.
- Flexion simple : Ce chapitre détaille la sollicitation en flexion, en mettant en lumière la relation entre la contrainte normale et le moment fléchissant.
- Flambement des Poutres : Le flambement, phénomène critique dans la conception des poutres, est analysé en profondeur, couvrant la force critique d'Euler et les conditions de résistance au flambage.

L'auteur de ce livre possède plus de vingt ans d'expérience dans l'enseignement de la résistance des matériaux. Cette vaste expérience pédagogique a permis de concevoir un contenu adapté aux besoins des étudiants, où les concepts complexes sont présentés de manière accessible et progressive, facilitant ainsi l'assimilation des connaissances.

Nous espérons que cet ouvrage servira de support pédagogique précieux aux enseignants et constituera à être un outil de travail efficace pour les étudiants, leur permettant de bien assimiler les notions fondamentales de la résistance des matériaux.

Nous serons très honorés de recevoir les critiques et les suggestions, aussi bien de nos collègues que des étudiants qui auront utilisé cet ouvrage.

Ali Khalfallah
L'auteur
Coimbra, janvier 2024

À propos de l'auteur

Dr Ali Khalfallah est professeur au Département de Génie Mécanique de l'Institut Supérieur des Sciences Appliquées et de Technologie de l'Université de Sousse. Il a occupé le poste de Directeur du Département entre 2017 et 2019. Il a obtenu un doctorat de l'Université de Tunis El-Manar en 2004 et a reçu l'Habilitation à diriger des Recherches de l'Université de Sousse en 2015. En 2019, il a rejoint le Centre des Matériaux et des Procédés en Génie Mécanique (CEMMPRE) de l'Université de Coimbra. Sa carrière professionnelle d'enseignant et chercheur s'étend sur plus de vingt ans. Ses intérêts de recherche se situent dans le domaine de la modélisation et de la simulation en mécanique des matériaux. Il se concentre sur la modélisation et la simulation multi-échelles du comportement des matériaux. Dr Khalfallah est auteur ou coauteur de nombreuses publications dans des revues internationales et intervenant lors de conférences internationales sur des sujets liés à ses activités de recherche. Il est actuellement éditeur académique pour la revue *Modelling and Simulation in Engineering* (Wiley) et a été invité en tant qu'éditeur invité pour numéros spéciaux des revues

Coatings, Machines et Crystals (MDPI). Dr Khalfallah est un *referee* pour des revues publiées par Elsevier, Springer, MDPI, Emerald, IOP Publishing, SAGE, ainsi que pour des conférences internationales. Il a été reconnu pour sa contribution en tant que *referee* potentiel, recevant le Prix IOP *Outstanding Reviewer* en 2023.

Résumé

Ce livre, conçu pour les étudiants en LMD, a pour objectif de fournir une introduction claire et complète à la résistance des matériaux (RDM). Il vise à combler le fossé entre la théorie et la pratique, en offrant aux étudiants les outils nécessaires pour appliquer les concepts théoriques à des situations réelles.

Destiné à être à la fois un cours théorique et un recueil d'exercices, cet ouvrage présente les notions fondamentales de la résistance des matériaux de manière simplifiée, tout en conservant la rigueur scientifique nécessaire. Chaque concept est illustré par des exemples concrets, facilitant ainsi la compréhension et l'importance de cette discipline dans les domaines technologiques et d'ingénierie.

Par exemple, en étudiant la résistance des poutres sous différentes charges, les étudiants pourront comprendre comment ces principes s'appliquent à la construction de ponts, de bâtiments et d'autres structures. De plus, les exercices proposés à la fin de chaque chapitre permettent aux étudiants de tester leur compréhension et d'affiner leurs compétences en résolution de problèmes, renforçant ainsi leur aptitude à appliquer les connaissances théoriques à des situations pratiques.

Chapitre 1
Introduction à la Résistance des matériaux

1.1. Généralités

La Résistance des matériaux (RDM) est une discipline fondamentale de la mécanique appliquée qui vise à étudier le comportement des matériaux soumis à des sollicitations mécaniques, telles que les contraintes, les déformations et les efforts. Cette discipline revêt une importance cruciale dans de nombreux domaines de l'ingénierie, tels que le génie civil, le génie mécanique, le génie aérospatial, et bien d'autres encore.

L'objectif principal de la RDM est d'analyser et de prédire la manière dont les matériaux réagissent sous l'influence de forces extérieures, ce qui permet de concevoir des structures et des composants capables de supporter ces charges de manière sûre et efficace. Pour ce faire, la RDM repose sur des principes physiques et mathématiques solides, tels que la théorie de l'élasticité, la théorie de la plasticité et la mécanique des milieux continus.

Les ingénieurs utilisent la RDM pour évaluer la résistance et la stabilité des structures en analysant les contraintes et les déformations subies par les matériaux. Cette analyse leur permet de concevoir des structures capables de résister aux charges auxquelles elles seront soumises dans des conditions réelles. Par exemple, dans le domaine du génie civil, la RDM est utilisée pour concevoir des bâtiments, des ponts, des barrages et d'autres infrastructures en s'assurant qu'ils sont capables de supporter les charges dues au vent, à la neige, aux séismes, etc.

La RDM repose sur un ensemble d'hypothèses visant à simplifier les problèmes rencontrés dans la pratique. Par exemple, on suppose que les matériaux sont homogènes, isotropes et continus à l'échelle à laquelle les lois de la RDM sont appliquées. De plus, on fait souvent l'hypothèse que les déformations sont petites par rapport à toutes les dimensions, ce qui permet d'utiliser des modèles mathématiques simplifiés pour décrire le comportement des matériaux.

En Effet, la RDM a une importance capitale pour garantir la sécurité et la fiabilité des structures dans de nombreux domaines de l'ingénierie. Grâce à cette discipline, les ingénieurs peuvent concevoir des produits conformes aux normes de sécurité et capables de supporter les charges auxquelles ils seront exposés au cours de leur utilisation.

L'histoire de la RDM remonte à la fin du XVIe siècle, lorsque les premiers travaux sur la théorie de la résistance des matériaux ont été entrepris. À cette époque, des études expérimentales ont été réalisées par Galilée Galileo, le célèbre physicien, mathématicien et astronome italien (1564-1642). Ces études portaient notamment sur des phénomènes tels que la traction et la flexion des poutres, jetant ainsi les bases des premières investigations dans le domaine de la résistance des matériaux.

Les expériences de Galilée ont contribué à une meilleure compréhension du comportement des matériaux soumis à des charges mécaniques, ouvrant la voie à des développements ultérieurs dans ce domaine crucial de l'ingénierie. Ses travaux ont posé les fondements des concepts fondamentaux qui sont aujourd'hui au cœur de la RDM, influençant ainsi de manière significative l'évolution de cette discipline au fil des siècles.

a) b)

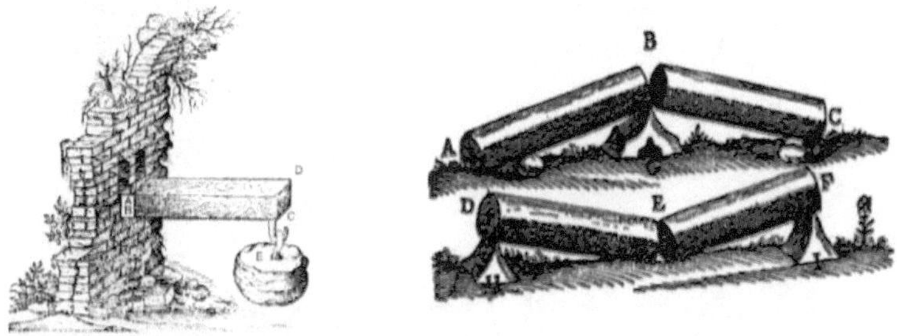

Figure 1.1. a) Gravure illustrant un essai de flexion sur une poutre (Extrait de « *Discorsi e dimostrazioni mathematiche* » de Galilée, 1638) ; b) Gravure montrant des poutres rompues après une sollicitation en flexion.

En 1687, Sir Robert Hooke, physicien et mathématicien anglais, a énoncé les bases de la théorie de l'élasticité linéaire suite à des observations et des mesures expérimentales effectuées sur des ressorts. Ses travaux ont permis de formuler la loi de Hooke, qui établit la relation linéaire entre la contrainte et la déformation dans un matériau élastique. Cette découverte a été fondamentale pour le développement ultérieur de la RDM, en fournissant un cadre théorique solide pour la compréhension du comportement élastique des matériaux sous chargement.

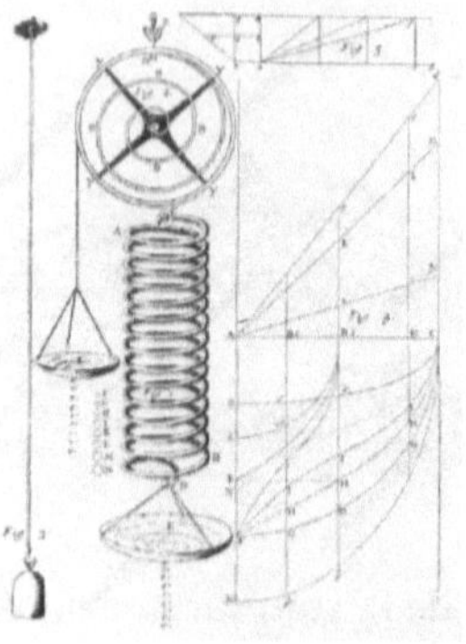

Figure 1.2. Origines historiques de la théorie de l'élasticité linéaire : Le portrait est du *Sir Robert Hooke* (physicien et mathématicien britannique). Il a posé les fondements de cette théorie après avoir observé et mesuré expérimentalement des ressorts.

1.2. L'histoire de la RDM

La résistance des matériaux, une branche essentielle de la mécanique, trouve ses racines dans les débuts de l'ingénierie et de la science des matériaux. Son histoire remonte à plusieurs siècles, marquée par des contributions fondamentales qui ont façonné notre compréhension moderne des comportements mécaniques des structures.

L'émergence de la résistance des matériaux peut être retracée jusqu'à l'Antiquité, où les premières intuitions sur la solidité des structures ont été développées par les ingénieurs et architectes de civilisations anciennes. Les ingénieurs grecs et romains, comme Vitruve et Apollodore de Damas, ont mis en œuvre des principes empiriques pour concevoir des bâtiments et des aqueducs, mais les fondements théoriques de la discipline ont commencé à se former beaucoup plus tard.

Au XVIe siècle, Léonard de Vinci (1452-1519), à la fois inventeur et artiste, a effectué des expériences sur la résistance des matériaux, posant les premières pierres d'une compréhension plus systématique de la manière dont les matériaux se comportent sous différentes charges. Ses travaux préliminaires sur les fils de fer ont ouvert la voie à des explorations plus profondes des propriétés mécaniques des matériaux.

Le XVIIe siècle a vu les contributions significatives de Galilée (1564-1642), dont les études sur la flexion des poutres ont jeté les bases des concepts modernes de la mécanique des structures. Galilée a introduit la notion que la résistance d'un matériau dépendait de sa section transversale et non simplement de sa longueur, un principe fondamental dans la résistance des matériaux.

Au XVIIIe siècle, Charles-Augustin Coulomb (1736-1806) a apporté une contribution majeure en distinguant les contraintes normales des contraintes de cisaillement, et en introduisant le concept de friction sèche. Ces travaux ont été cruciaux pour le développement ultérieur de la mécanique des matériaux.

L'ère du XIXe siècle a marqué un tournant décisif avec les contributions d'Augustin Cauchy (1789-1857), qui a formalisé le concept de contrainte en introduisant le tenseur des contraintes, une avancée clé qui permet de décrire de manière précise les forces internes dans un matériau. Ses travaux ont posé les bases de ce que l'on appelle aujourd'hui la contrainte de Cauchy, un concept central dans l'analyse des structures.

Woldemar Voigt (1850-1919), un scientifique allemand spécialisé dans les cristaux, a ensuite introduit le tenseur des contraintes dans sa forme moderne, en tenant compte des moments transmis par les liaisons moléculaires, une avancée importante pour les études à l'échelle microscopique.

Au fur et à mesure que les connaissances en résistance des matériaux se développaient, les ingénieurs ont pu concevoir des structures de plus en plus complexes et sûres, en s'appuyant sur des principes mathématiques et expérimentaux pour évaluer la performance des matériaux et des structures. Aujourd'hui, la résistance des matériaux est une discipline clé dans l'ingénierie, qui joue un rôle crucial dans la conception et la construction de tout, des bâtiments aux ponts en passant par les véhicules et les machines.

Cette discipline, riche en histoire et en développement, continue d'évoluer avec les avancées technologiques et les nouvelles découvertes en science des matériaux, offrant des solutions innovantes pour répondre aux défis de l'ingénierie moderne.

1.3. But de la RDM

La RDM est une discipline fondamentale de la mécanique appliquée qui vise à étudier le comportement des matériaux soumis à des sollicitations mécaniques, telles que les contraintes, les déformations et les efforts. Le but de la RDM est de comprendre et de prédire la manière dont les matériaux réagissent sous l'influence de forces extérieures, ce qui permet de concevoir des structures et des composants capables de supporter ces charges de manière sûre et efficace. Cette discipline repose sur des principes physiques et mathématiques solides, tels que la théorie de l'élasticité, la théorie de la plasticité et la mécanique des milieux continus. En utilisant ces principes, les ingénieurs peuvent évaluer la résistance et la stabilité des structures en analysant les contraintes et les déformations subies par les matériaux, ce qui leur permet de concevoir des structures capables de résister aux charges auxquelles elles seront soumises dans des conditions réelles.

La résistance des matériaux a trois objectifs principaux :

- La détermination des dimensions des composants en connaissant leurs propriétés mécaniques et les actions mécaniques qui leur sont appliquées.
- La détermination de la déformation et de la contrainte des composants mécaniques : c'est l'étude de la résistance des pièces (résistance ou rupture).

• La détermination des caractéristiques mécaniques des matériaux.

Ces objectifs sont essentiels pour garantir la sécurité et la fiabilité des structures et des composants mécaniques, en permettant aux ingénieurs de concevoir des produits capables de résister aux charges auxquelles ils seront soumis et de prédire leur comportement en fonction des contraintes mécaniques.

1.4. Hypothèses de la RDM

Pour appliquer les lois de la résistance des matériaux, les hypothèses suivantes sont à tenir en compte.

1.4.1. Hypothèse sur le matériau

• **Continuité** : la continuité de la matière est un principe fondamental de la résistance des matériaux. Lorsque les lois de la RDM sont appliquées, on suppose que la matière est continue à l'échelle à laquelle ces lois s'appliquent. Cela signifie que les distances atomiques sont tellement petites par rapport à la taille des composants mécaniques que la matière peut être considérée comme continue. Cette hypothèse permet d'appliquer des modèles mathématiques continus pour décrire le comportement des matériaux et des structures. La matière est supposée continuer à l'échelle où les lois de la RDM sont appliquées. C'est-à-dire, les distances atomiques sont supposées tellement petites, qu'elles peuvent être considérées continues.

• **Homogénéité** : l'hypothèse d'homogénéité suppose que la matière est faite d'une seule phase où les propriétés physiques et chimiques sont identiques en tout point de la pièce mécanique. En d'autres termes, les matériaux sont considérés comme uniformes à l'échelle macroscopique, ce qui permet de simplifier l'analyse en utilisant des propriétés matérielles constantes pour toute la pièce.

• **Isotropie** : L'isotropie est une autre hypothèse importante de la RDM. Elle suppose que les propriétés mécaniques du matériau sont identiques dans toutes les directions à un point donné. Cette hypothèse simplifie l'analyse en permettant d'utiliser les mêmes propriétés mécaniques pour toutes les directions, ce qui facilite la modélisation et les calculs.

En tenant compte de ces hypothèses, il devient possible d'appliquer les principes de la résistance des matériaux de manière fiable et d'obtenir des résultats exploitables pour la conception et l'analyse des structures et des composants mécaniques.

1.4.2. Hypothèse sur la géométrie du matériau

Pour appliquer la théorie de la RDM, il est nécessaire d'admettre que le matériau ou le solide possède une géométrie bien déterminée, souvent appelée **une poutre**. La poutre est la forme que possède un solide ayant les caractéristiques géométriques suivantes :

• Les dimensions longitudinales sont très importantes relativement aux dimensions transversales. Cela signifie que la poutre est beaucoup plus longue que large ou haute, ce qui permet d'appliquer des modèles simplifiés pour l'analyse de sa résistance et de son comportement sous chargement.

• Les sections sont droites et constantes ou peuvent varier lentement en dimension ou en forme le long de la longueur de la poutre. Cette caractéristique permet d'utiliser des modèles mathématiques pour décrire de manière précise la distribution des contraintes et des déformations à travers la poutre, facilitant ainsi l'analyse de sa résistance et de son comportement mécanique.

1.4.3. Hypothèses sur les déformations

En RDM, les hypothèses sur les déformations jouent un rôle crucial dans l'analyse du comportement des structures sous chargement. Tout d'abord, il est supposé que les déformations sont petites par rapport à toutes les dimensions de la structure. Cette hypothèse est valable dans le cas de petites déformations, où le solide à l'état initial et à l'état déformé demeure similaire.

De plus, les sections planes et droites de la poutre, normales à la ligne moyenne, sont supposées rester planes et droites après déformation, conformément à l'hypothèse de Navier-Bernoulli. En outre, l'hypothèse de barre de Saint-Venant est également prise en considération, supposant que les résultats de calculs seront valables loin des points d'application des charges. En effet, l'état des sollicitations dans une zone suffisamment éloignée des points d'application des actions mécaniques extérieures appliquées à la poutre ne dépend que du torseur associé à ces actions mécaniques.

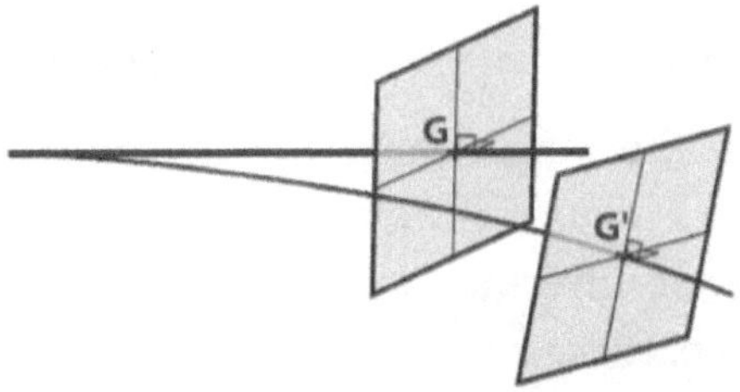

Figure 1.3. Représentation schématique de l'hypothèse de Navier Bernoulli.

1.5. Définition de la poutre

Une poutre est engendrée par la translation d'une section droite et plane S, dont le barycentre G décrit une trajectoire linéaire ou courbe, désignée par la ligne G_0G_E, également connue sous le nom de ligne moyenne. Il est essentiel de noter que la section droite S demeure constamment perpendiculaire à la ligne moyenne C tout au long de son déplacement. Cette caractéristique géométrique est fondamentale qui permet de définir les éléments structuraux à analyser et concevoir dans le domaine de la résistance des matériaux.

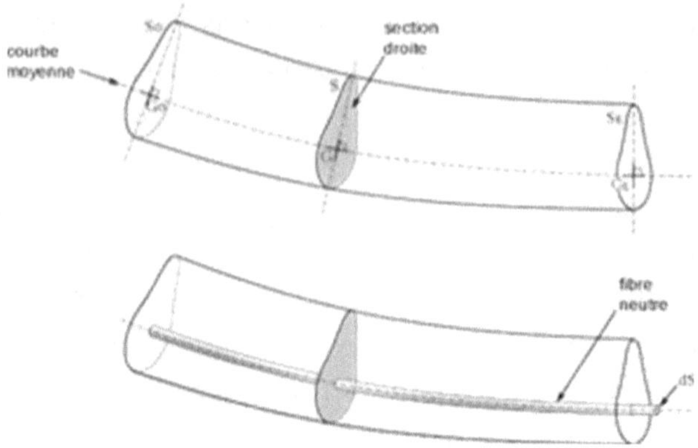

Figure 1.4. Définition d'une poutre.

1.6. Efforts extérieurs et liaisons pour les poutres

Les efforts extérieurs agissant sur une poutre se présentent principalement sous deux formes :

— les forces concentrées ;

— les forces réparties.

Ces forces induisent une déformation dans le plan moyen de la poutre, et les liaisons qui transmettent ces actions mécaniques sont bien connues. Cependant, la limitation aux poutres à plan moyen chargées dans leur plan conduit généralement à la distinction des différents types de liaisons imposées aux poutres.

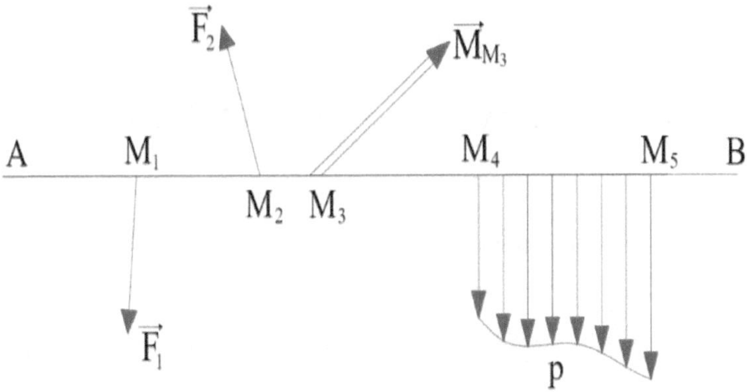

Figure 1.5. Représentation des efforts extérieurs qui peuvent agir sur une poutre.

1.7. Équilibre d'un corps

Un corps est en équilibre s'il vérifie que la somme vectorielle des forces agissant sur lui est nulle et que la somme des moments des forces par rapport à tout point est également nulle :

$$\begin{cases} \sum F_x = 0, \ \sum F_y = 0, \quad \sum F_z = 0 \\ \sum M_x = 0, \sum M_y = 0, \quad \sum M_z = 0 \end{cases} \tag{1.1}$$

F_x, F_y et F_z : sont les forces appliquées sur le corps suivant les axes x, y et z ;

M_x, M_y et M_z : sont les couples appliqués sur le corps suivant les axes x, y et z.

Énoncés des exercices du chapitre n° 1

Introduction à la résistance des matériaux

Exercice n° 1 :

Définissez la RDM et expliquez son importance dans le domaine de l'ingénierie.

Exercice n° 2 :

Décrivez les trois objectifs principaux de la RDM.

Exercice n° 3 :

Expliquez les hypothèses suivantes de la RDM :

- Continuité
- Homogénéité
- Isotropie

Exercice n° 4 :

Qu'est-ce qu'une poutre selon la RDM ? Décrivez ses caractéristiques géométriques.

Exercice n° 5 :

Décrivez les deux types d'efforts extérieurs qui agissent sur une poutre et expliquez les types de liaisons imposées aux poutres.

Exercice n° 6 :

Expliquez la loi de Hooke et son importance dans la compréhension du comportement élastique des matériaux.

Exercice n° 7 :

Un ingénieur utilise la RDM pour concevoir un pont. Expliquez comment la RDM l'aide à évaluer la résistance et la stabilité du pont.

Chapitre 2
Torseur de cohésion

2.1. Notion de Torseur

2.1.1. Définition du torseur

Dans le domaine de la mécanique des solides, le concept de torseur s'avère être un outil mathématique fondamental et extrêmement utile. Il offre la possibilité de représenter de manière concise et complète les actions mécaniques qui s'exercent sur un solide, que ce soit sous forme de torseur statique pour les équilibres de forces, ou de torseur cinématique pour décrire la vitesse du solide. Cette représentation vectorielle permet une analyse approfondie du comportement des solides soumis à des sollicitations mécaniques, et constitue un pilier essentiel de la modélisation et de l'analyse en résistance des matériaux.

La définition d'une action mécanique, par exemple, fait intervenir deux vecteurs :

— Une force $\vec{R}$ est appelée résultante ;

— Un moment $\vec{M}(\vec{R})_{/O}$ en un point O, appelé moment.

Ces deux quantités ou vecteurs définissent ce qu'on appelle les **éléments de réduction** du torseur et permettent une seule écriture appelée « **Torseur** ».

Un torseur est défini par ses éléments de réduction en un point quelconque O s'écrit : $\{T\}_O$.

2.1.2. Éléments de réduction du torseur en un point P

On appelle éléments de réduction du torseur $\{T\}_P$ en un point P :

** $\vec{R}$: la résultante du torseur indépendante du point P

** $\vec{M}_P$: le moment du torseur au point P

Dans le cas où un solide(S) est soumis à un ensemble de *n* forces $\vec{F}_i$ appliquées par le milieu extérieur aux points Q_i, notées (Q_i, $\vec{F}_i$). Ces actions mécaniques sont modélisables par le torseur suivant :

$$\left\{\vec{F}(ext \rightarrow S)\right\}_P = \left\{ \begin{array}{c} \vec{R}(ext \rightarrow S) = \sum_{i=1}^{n} \vec{F}_i \\ \overrightarrow{M_P}(ext \rightarrow S) = \sum_{i=1}^{n} \overrightarrow{PQ_i} \wedge \overrightarrow{F_i} \end{array} \right\} \tag{2.1}$$

Soit la base directe orthonormée $(O, \vec{i}, \vec{j}, \vec{k})$, on écrit :

$$\vec{R}(ext \rightarrow S) = x\vec{i} + y\vec{j} + z\vec{k} \tag{2.2}$$

$$\vec{M}_P(ext \rightarrow S) = L_P\vec{i} + M_P\vec{j} + N_P\vec{k} \tag{2.3}$$

Donc :

$$\left\{\vec{F}(ext \rightarrow S)\right\}_P = \left\{ \begin{array}{cc} x & L_P \\ y & M_P \\ z & N_P \end{array} \right\}_{(O,\vec{i},\vec{j},\vec{k})_P} \tag{2.4}$$

2.1.3. Transport de torseurs

Soit un torseur $\{T\}_P$ exprimant une action mécanique au point P.

$$\{T\}_P = \begin{Bmatrix} \vec{R} \\ \overrightarrow{M_P} \end{Bmatrix} = \begin{Bmatrix} \vec{R} \\ \overrightarrow{PO} \wedge \vec{R} \end{Bmatrix} \tag{2.5}$$

Le transport du torseur au point Q, $\{T\}_Q$, nécessite le calcul du moment de la résultante au point Q à l'aide de la relation suivante, appelée la relation de transport ou transfert des torseurs.

$$\overrightarrow{M_Q}(\vec{R}) = \overrightarrow{M_P}(\vec{R}) + \overrightarrow{QP} \wedge \vec{R} \tag{2.6}$$

$$\{T\}_Q = \begin{Bmatrix} \vec{R} \\ \overrightarrow{M_Q} \end{Bmatrix} = \begin{Bmatrix} \vec{R} \\ \overrightarrow{M_P} + \overrightarrow{QP} \wedge \vec{R} \end{Bmatrix} \tag{2.7}$$

2.1.4. Propriétés des torseurs

i) La somme de deux torseurs est un torseur et ses éléments de réduction sont la somme des éléments de réduction des tenseurs additionnés. On ne peut additionner deux tenseurs, uniquement s'ils sont réduits au même point.

$$\{T\}_O = \{T_1\}_O + \{T_2\}_O \tag{2.8}$$

ii) Un torseur est nul, si ses éléments de réduction sont tous nuls.

$$\{T\}_O = \begin{Bmatrix} \vec{R} = \vec{0} \\ \overrightarrow{M_O}(\vec{R}) = \vec{0} \end{Bmatrix} = \{\vec{0}\}_O \tag{2.9}$$

iii) Deux torseurs sont égaux, si et seulement s'ils possèdent les mêmes éléments de réduction. On ne peut comparer deux torseurs, uniquement s'ils sont exprimés au même point.

$$\{T_1\}_O = \{T_2\}_O \tag{2.10}$$

Alors :

$$\begin{cases} \vec{R}_1 = \vec{R}_2 \\ \overrightarrow{M_O}(\vec{R}_1) = \overrightarrow{M_O}(\vec{R}_2) \end{cases} \tag{2.11}$$

iv) On appelle torseur couple, le torseur dont la résultante est nulle et dont le moment résultant est indépendant du point de définition.

v) On appelle torseur glisseur, le torseur dont le moment est nul. Si le moment du torseur n'est pas nul, le torseur est dit glisseur, si la résultante et le moment sont perpendiculaires.

vi) On appelle axe central d'un torseur, l'ensemble des points P, tels que le moment du torseur $\overrightarrow{M_P}$ est colinéaire à la résultante $\vec{R}$. Cet axe central, s'il existe, il est unique, sauf pour un torseur nul ou un torseur couple.

Tout tenseur possède deux invariants : un invariant vectoriel (la résultante $\vec{R}$) et un invariant scalaire I :

$$I = \vec{R} \bullet \overrightarrow{M_O} = \vec{R} \bullet \overrightarrow{M_P} \tag{2.12}$$

2.2. Notions d'efforts de cohésion

Les efforts intérieurs représentent les forces agissant à l'intérieur des poutres, supposées agir en tout point des sections de la poutre pour assurer la cohésion de la matière et l'équilibre des structures sous l'action des charges externes. La détermination de ces efforts de cohésion permet de caractériser les types de sollicitations auxquelles la poutre est soumise, offrant ainsi une compréhension approfondie du comportement mécanique de la structure. Ces efforts internes jouent un rôle crucial dans l'analyse de la résistance des matériaux, offrant des informations essentielles pour la conception et l'évaluation de la stabilité des structures.

2.3. Détermination du torseur de cohésion

Les efforts de cohésion, également connus sous le nom de contraintes internes, permettent de maintenir l'intégrité structurale des matériaux et des structures, tels que les poutres. Contrairement aux actions extérieures telles que les forces et les moments, qui sont facilement visualisables et mesurables, les efforts de cohésion sont des quantités internes invisibles qui assurent la continuité et la stabilité de la structure.

Dans le cas particulier des poutres, les efforts de cohésion sont distribués uniformément sur des sections droites imaginaires de la poutre. Considérons une poutre rectangulaire rigide, subjectivement divisée en segments infinitésimaux par des plans perpendiculaires à son axe longitudinal, ou « fibre ». Chaque segment possède sa propre distribution unique d'efforts de cohésion internes.

Pour analyser davantage ces efforts internes, prenons une section droite particulière de la poutre et imaginons qu'elle soit traversée par un plan perpendiculaire à la fibre principale. Ce plan divise la poutre en deux parties distinctes – un tronçon à gauche de la section droite (E1) et un autre tronçon à droite de la section droite (E2). Ainsi, la poutre initiale(e) est subdivisée en deux morceaux équilibrés par cette coupure transversale.

Le centre de masse ou barycentre de la section droite de la poutre est désigné par G. Ce point particulier est important car il marque le point de convergence des moments de force résultant de la distribution complexe des efforts internes de part et d'autre de la section droite.

En appliquant le principe fondamental de la statique (PFS), à la poutre et également à l'un de ces tronçons ; nous pouvons ainsi déterminer et calculer les efforts intérieurs qu'exerce un tronçon sur l'autre et vice versa, et ceci au niveau de la coupure.

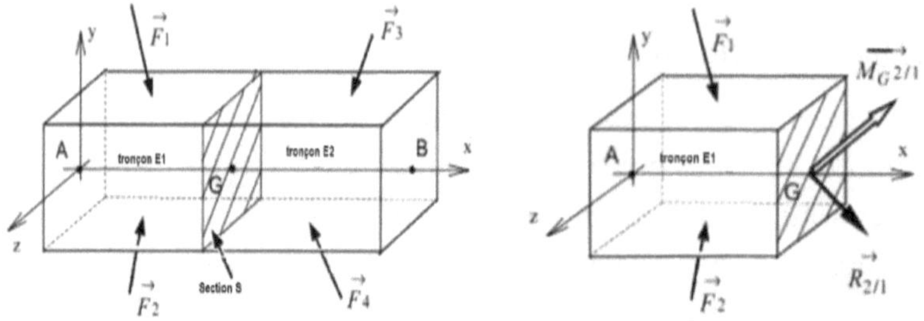

Figure 2.1. Coupure fictive de poutre et notion du torseur de cohésion.

Les efforts intérieurs appliqués au point G (barycentre de la section S) peuvent être modélisés par un torseur ayant les éléments de réduction définis au point G par :

– La résultante : $\vec{R}$

– Le moment de la résultante par rapport au point G : $\overrightarrow{M_G}(\vec{R})$

Le torseur ayant ces éléments de réduction et représentant les efforts intérieurs ou de cohésion est appelé torseur de cohésion et noté :

$$\left\{T_{coh}\right\}_G = \begin{Bmatrix} \vec{R} \\ \overrightarrow{M_G} \end{Bmatrix} \tag{2.13}$$

Pour déterminer les éléments du torseur de cohésion, nous appliquons le PFS au tronçon E_1. Cet équilibre est traduit par l'équation suivante :

$$\left\{T_{coh}\right\}_G + \left\{T_{ext \to E_1}\right\}_G = \left\{\vec{0}\right\} \tag{2.14}$$

où

$$\left\{T_{coh}\right\}_G = -\left\{T_{ext \to E_1}\right\}_G \tag{2.15}$$

L'équilibre de la poutre E se traduit par l'équation suivante :

$$\left\{T_{ext \to E_1}\right\}_G + \left\{T_{ext \to E_2}\right\}_G = \left\{\vec{0}\right\} \tag{2.16}$$

Donc on peut déduire une autre expression du torseur de cohésion

$$\left\{T_{coh}\right\}_G = +\left\{T_{ext\rightarrow E_2}\right\}_G \qquad (2.17)$$

Pour résumer, le torseur de cohésion peut être déterminé (les éléments de réduction du torseur) de deux manières équivalentes. Ce torseur de cohésion défini au barycentre de la section droite (S) de la poutre est égal à moins « – le signe – » la somme des torseurs des actions mécaniques extérieures qui agissent sur le tronçon E_1 au point G. La deuxième façon est de considérer la somme « avec signe + » des torseurs des actions mécaniques extérieures agissant sur le tronçon E_2 au point G. L'utilisation de l'une ou de l'autre relation est dépendante des cas, c'est-à-dire que pendant la résolution d'un problème de RDM, l'utilisation de la deuxième relation simplifie énormément le calcul.

En effet, la définition de la notion du torseur de cohésion permettra de définir ce qu'on appelle les sollicitations simples.

Les efforts intérieurs constituant les éléments de réduction du torseur de cohésion au barycentre G de la section droite de la poutre prennent la notation suivante :

$$\left\{T_{coh}\right\}_G = \left\{\begin{matrix} \vec{R} \\ \overrightarrow{M_G} \end{matrix}\right\} = \left\{\begin{matrix} N & M_t \\ T_y & Mf_y \\ T_z & Mf_z \end{matrix}\right\}_{(G,\vec{X},\vec{Y},\vec{Z})} \qquad (2.18)$$

Où :

N : Effort normal suivant (G, x)

T_y : Effort tranchant suivant (G, y)

T_z : Effort tranchant suivant (G, z)

M_t : Moment de torsion autour de (G, x)

Mf_y : moment de flexion autour de (G, y)

Mf_z : Moment de flexion autour de (G, z)

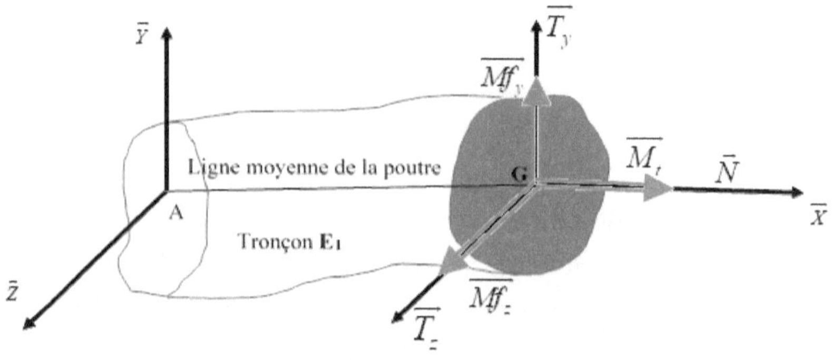

Figure 2.2. Les éléments de réduction du torseur de cohésion.

2.4. Sollicitations simples

Dans l'étude de la RDM, il est important de noter que le torseur de cohésion est caractérisé par 6 composantes, soit 3 composantes pour la résultante et 3 composantes pour le moment. Lorsque seulement une de ces six composantes n'est pas nulle, on identifie 4 possibilités de torseur de cohésion, connues sous le nom de **sollicitations simples**. Ces sollicitations simples représentent des situations fondamentales où une seule composante du torseur exerce une influence significative. Le tableau suivant résume ces sollicitations simples, offrant ainsi une vision claire et synthétique des différents cas de sollicitations rencontrés en RDM.

Tableau 2.1. Types de Sollicitations

Type de sollicitation	Effort normal	Effort tranchant	Moment de torsion	Moment de flexion
Traction/ Compression	N≠0	T = 0	Mt = 0	Mf = 0 (Mf_y et Mf_z)
Cisaillement	N = 0	T≠0 (Ty ou Tz)	Mt = 0	Mf = 0 (Mf_y et Mf_z)

Torsion	N = 0	T = 0 (Ty et Tz)	Mt≠0	Mf = 0 (Mf_y et Mf_z)
Flexion	N = 0	T≠0 (Ty ou Tz)	Mt = 0	Mf≠0 (Mf_y ou Mf_z)

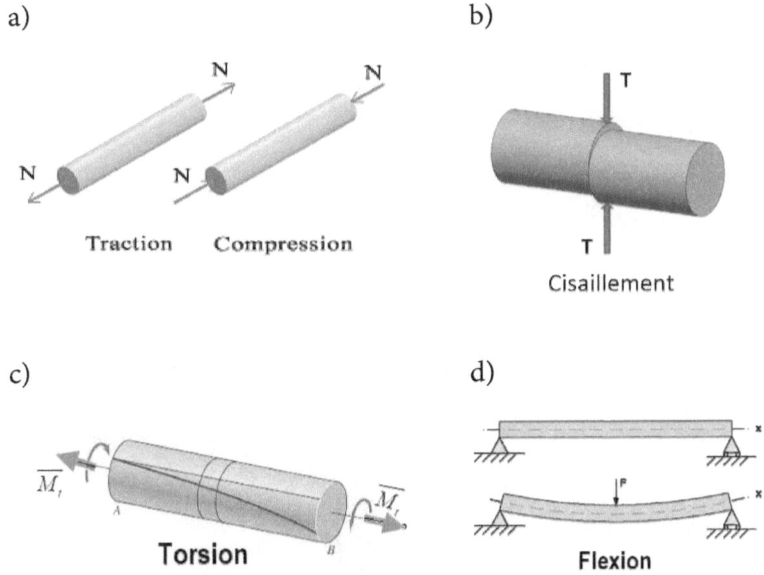

Figure 2.3. Représentation des différentes sollicitations simples : a) traction-compression ; b) cisaillement ; c) torsion et d) flexion.

2.5. Notion de contrainte

2.5.1. Vecteur contrainte

Lors de la coupure fictive d'un solide Ω, tel qu'une poutre, le torseur utilisé pour modéliser les efforts intérieurs entre deux tronçons adjacents n'est qu'une représentation globale de ces actions. En réalité, les actions mécaniques se manifestent localement en chaque point de la section. Pour décrire ces actions locales, considérons un point arbitraire M sur la section droite (S). Nous définissons alors une surface élémentaire dS autour de ce point M, et un vecteur normal $\vec{n}$ à cet élément de surface. Cette approche permet de capturer de manière précise les caractéristiques locales des efforts intérieurs agissant sur la structure, offrant ainsi une représentation plus détaillée des sollicitations mécaniques.

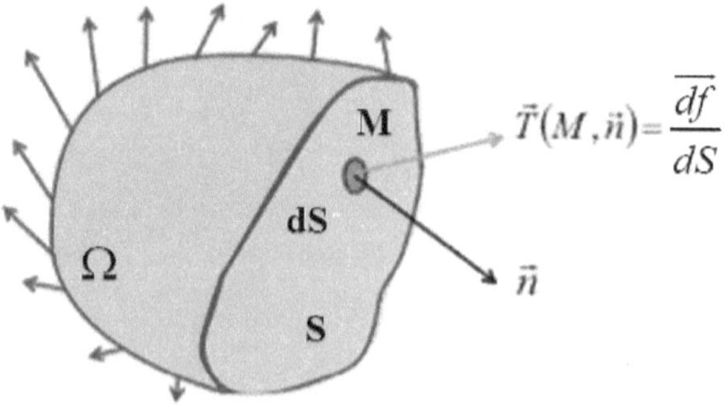

Figure 2.4. Notion du vecteur contrainte.

L'effort élémentaire $\vec{df}$ qu'exerce le tronçon E_2 sur le tronçon E_1 peut être modélisé de la façon suivante :

$$\Delta\vec{f} = \vec{T}(M,\vec{n})\Delta S \tag{2.19}$$

Le vecteur $\vec{T}(M,\vec{n})$ est appelé vecteur contrainte au point M et de normale $\vec{n}$, où $\vec{n}$ est le vecteur normal à l'élément de surface dS.

Ce vecteur contrainte est défini par l'équation suivante :

$$\vec{T}(M,\vec{n}) = \lim \frac{\overrightarrow{\Delta f}}{\Delta S} = \frac{\overrightarrow{df}}{dS} \tag{2.20}$$

2.5.2. Vecteur contrainte normale et tangentielle

Le vecteur contrainte $\vec{T}(M,\vec{n})$ peuvent être décomposé en deux composantes en projetant ce vecteur sur les axes d'un repère local $(\vec{n},\vec{t})$ associé au point M. La projection s'effectue sur l'axe normal à la surface élémentaire et l'autre projection s'effectue sur le plan tangent à cette surface :

$$\vec{T}(M,\vec{n}) = \sigma\vec{n} + \tau\vec{t} \tag{2.21}$$

Où

σ : la contrainte normale

τ : la contrainte tangentielle

$\vec{n}$: le vecteur normal à la surface élémentaire dS

$\vec{t}$: le vecteur tangent au plan contenant l'élément de surface *dS*

L'unité du module du vecteur contrainte le Newton par millimètre carré (N/mm^2).

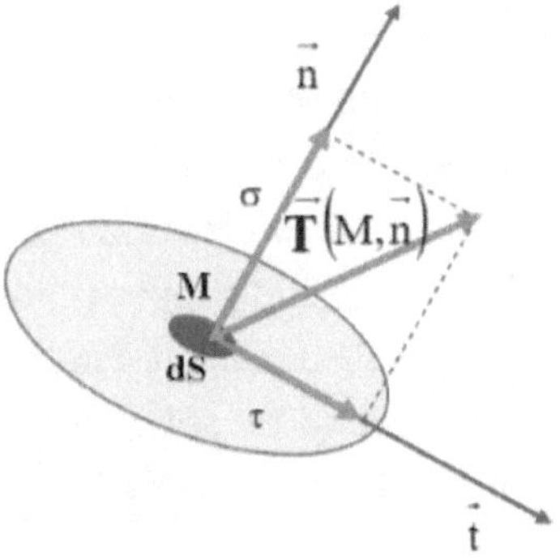

Figure 2.5. Décomposition du vecteur contrainte en une composante normale et une composante tangentielle.

Le torseur de cohésion est relié aux vecteurs contraintes par la relation intégrale suivante :

$$\{T_{coh}\}_G = \begin{Bmatrix} \vec{R} = \iint_S \vec{T}(M,n)dS \\ \overrightarrow{M_G} = \iint_S \overrightarrow{GM} \wedge \vec{T}(M,n)dS \end{Bmatrix}_{(G)} \tag{2.22}$$

2.5.3. Un peu d'histoire : Concept de contrainte

Le premier traitement formel de la résistance est observé dans les notes de Léonard de Vinci (1452-1519). Léonard a mené plusieurs expériences sur la résistance des matériaux des structures. Ses notes « *Tester la résistance des fils de fer de diverses longueurs* » incluent un croquis montrant comment mesurer expérimentalement la résistance des fils. La première indication d'un concept de contrainte a été trouvée dans les notes de Galilée (1564-1642). Galilée est né à Pise et est devenu professeur de mathématiques à l'âge de vingt-cinq ans. En raison d'accepter la théorie copernicienne sur le mouvement des planètes, qui contredisait l'interprétation des écritures à cette époque, Galilée fut placé en résidence surveillée pour les huit dernières années de sa vie. Pendant cette période, il écrivit « *Deux nouvelles sciences* », où il exposa ses contributions dans le domaine de la mécanique. Il y discute de la résistance d'une poutre en porte-à-faux se pliant sous l'action de son propre poids. Galilée considérait la résistance comme la capacité à résister à la fracture, concluant que la résistance d'une barre dépend de sa section transversale mais est indépendante de sa longueur.

Léonard de Vinci (1452-1519)

Galilée (1564-1642)

Charles-Augustin Coulomb (1736-1806)

Augustin Cauchy (1789-1857)

La première personne à différencier entre la contrainte normale et la contrainte tangentielle (de cisaillement) fut Charles-Augustin Coulomb (1736-1806), né à Angoulême. Il fut honoré par l'Académie française des sciences en 1781 pour son mémoire « *Théorie des machines simples* » dans laquelle il a étudié le frottement entre les corps. La théorie du frottement solide porte son nom. Étant donné les similitudes entre la contrainte de cisaillement et la friction, il semble tout naturel que Coulomb ait été le premier à différencier la contrainte normale et la contrainte de cisaillement.

Claude Louis Navier (1785-1857) a initié le développement mathématique du concept de contrainte en partant du concept newtonien de force centrale, une force qui agit le long d'une ligne entre deux particules. Son approche a conduit à une controverse qui a mis quatre-vingts ans à se résoudre.

Augustin Cauchy (1789-1857) a apporté le concept de contrainte à la forme que nous avons étudiée dans ce chapitre. Contraint de quitter Paris, sa ville natale, pendant la Révolution française, il s'est réfugié dans le village d'Arcueil avec de nombreux autres mathématiciens et scientifiques de l'époque. À l'âge de vingt ans, Cauchy a travaillé comme ingénieur au port de Cherbourg, ce qui a probablement renforcé sa compréhension du concept hydrodynamique de la pression. La pression agit toujours perpendiculairement à une surface, mais Cauchy a supposé que sur une surface interne, elle agit à un angle et a donc raisonné qu'elle peut être résolue en deux composantes : la contrainte normale et la contrainte tangentielle. En combinant cette idée avec ses capacités mathématiques naturelles, Cauchy a développé ce que l'on appelle maintenant la contrainte de Cauchy.

Woldemar Voigt (1850-1919), un scientifique allemand qui a beaucoup travaillé avec les cristaux, est crédité de l'introduction du tenseur des contraintes.

2.6. Notion de déformation

Les déformations résultent des efforts ou actions mécaniques appliqués sur les solides, se traduisant par des changements de géométrie, de forme et de dimensions du matériau lorsqu'il est soumis à une déformation. Ces déformations peuvent être classées en deux catégories : les déformations élastiques, qui sont réversibles, et les déformations plastiques, qui sont irréversibles. En RDM, seules les petites déformations élastiques, qui n'altèrent pas significativement les dimensions du matériau (comme stipulé dans les hypothèses), sont prises en considération pour une application rigoureuse de la théorie de la résistance des matériaux. Mathématiquement, les déformations peuvent être définies comme la variation des dimensions par rapport aux dimensions initiales du matériau avant la déformation.

2.7. Types de chargement

Dans l'étude de la résistance des matériaux, il est important de comprendre les différents types de chargements appliqués sur une structure. En général, on peut distinguer deux catégories principales de chargements :

- **Les actions mécaniques de contact** : Ces charges résultent des interactions directes entre les surfaces de deux solides en contact. Elles incluent les liaisons mécaniques entre les composants et de pression, qui se manifestent lorsqu'une force est appliquée à une surface solide.
- **Les actions mécaniques à distance** : Ces charges agissent sans contact direct et incluent des phénomènes tels que la gravité, les forces magnétiques et les forces électriques. Par exemple, le poids d'un objet résulte de l'interaction gravitationnelle avec la Terre, tandis que les forces électromagnétiques peuvent agir à distance entre des objets chargés électriquement.

Sur un solide ou un système de solides, ces actions peuvent être classées en deux types : les actions extérieures et les actions intérieures. Les actions extérieures proviennent de sources externes au solide ou au système de solides étudié, tandis que les actions intérieures résultent de forces internes générées à l'intérieur de la structure elle-même (forces de cohésion). La distinction entre l'extérieur et l'intérieur dépend de la frontière définie pour le solide ou le système de solides considéré dans l'analyse.

Pour représenter de manière adéquate les actions mécaniques agissant sur un solide et leurs effets, deux modèles sont à considérer :

• **Le modèle de répartition des charges** : Ce modèle envisage la répartition uniforme des efforts sur toute la surface du solide, tels que l'action de la pression atmosphérique ou l'effet du champ de gravité. Ces charges sont généralement considérées comme des charges réparties, agissant uniformément sur une certaine zone de la structure.

• **Le modèle de répartition locale des charges** : Ce modèle décrit la répartition locale des efforts, où les charges sont concentrées en des points spécifiques de la structure. Ces charges peuvent résulter de contraintes localisées telles que les forces concentrées appliquées à des points précis du solide.

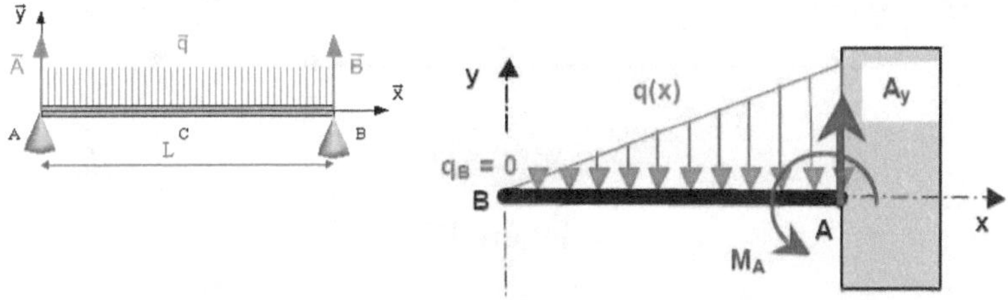

Figure 2.6. Exemples de charges réparties.

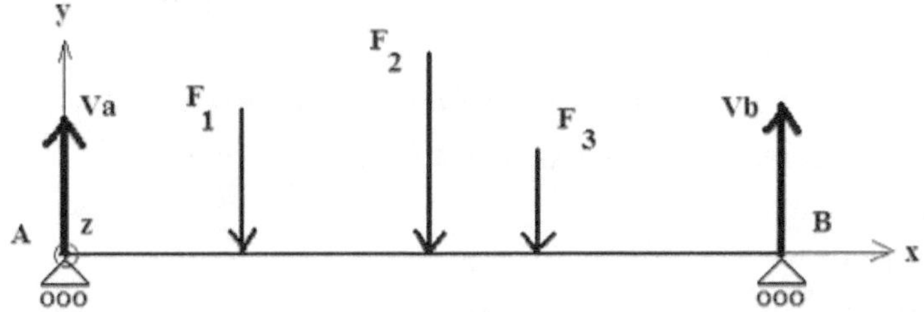

Figure 2.7. Exemples de charges concentrées.

Énoncés des exercices du chapitre n° 2

Torseur de cohésion

Exercice n° 1 :

Soit la poutre AB encastrée en un point A, de longueur L = 1 m et supportant un effort F de module 4 000 N et incliné d'un angle α de 30° par rapport à l'horizontal, comme indiqué dans la Figure E2.1.

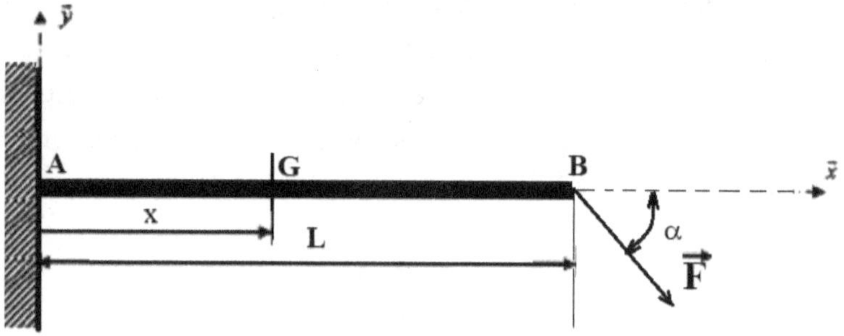

Figure E2.1.

1) Déterminer les éléments de réduction du torseur au point A de l'encastrement : $(\overrightarrow{R_A}, \overrightarrow{M_A})$.

2) Déterminer le torseur des efforts de cohésion au centre G d'une section de la poutre.

3) Tracer les diagrammes des efforts de cohésion.

4) À quel type de sollicitation est soumise la poutre.

Exercice n° 2 :

Un arbre de machine 1 est modélisé à la figure E2.2 par sa ligne moyenne AB. L'arbre 1 est guidé en rotation par deux roulements que l'on peut modéliser aux points A et B par deux liaisons :

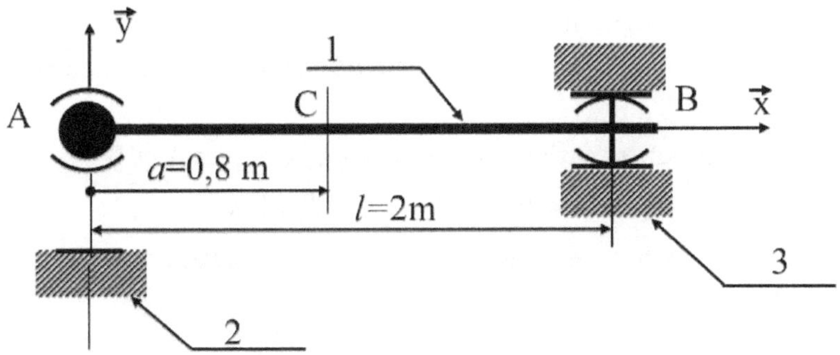

Figure E2.2.

— Au point A : liaison 2-1, sphérique de centre A

— Au point B : liaison 3-1, linéaire annulaire d'axe ($B, \vec{x}$)

— Au point C : l'arbre supporte une action mécanique extérieure modélisable par un torseur :

$$\{T(4 \to 1)\} : \{T(4 \to 1)\}_C = \begin{Bmatrix} \vec{C}(4 \to 1) \\ 0 \end{Bmatrix}$$

Avec $\vec{C}(4 \to 1) = -100\vec{x} + 600\vec{y} - 50\vec{z}$

(Unités : newton et mètre).

3) Calculer dans le repère R $(A, \vec{x}, \vec{y}, \vec{z})$ les composantes des torseurs d'action mécanique associés aux liaisons 2-1 et 3-1.

Pour une section droite (S) repérée par son centre de surface G tel que : $\overrightarrow{AG} = 1{,}5\vec{x}$; exprimer dans le repère R_G $(G, \vec{x}, \vec{y}, \vec{z})$, les composantes du torseur de cohésion.

Exercice n° 3 :

Soit une poutre cylindrique E de longueur 200 mm et de diamètre 5 mm. Elle est soumise à une action mécanique modélisable par un glisseur $\vec{R}_{3 \to E}$ de module 1 000 N (Figure E2.3.).

On donne :

$\overrightarrow{AC} = a\vec{x}$; a = 150 mm

$\overrightarrow{AB} = l\vec{x}$; l = 200 mm

L'étude est effectuée dans le plan de symétrie de la poutre E : $(\vec{x}, \vec{y})$

1) Déterminer les actions mécaniques aux points A et B.

2) Déterminer le torseur de cohésion $\{T_{coh}\}_G$.

3) Tracer les courbes des forces intérieures en tout point G de la poutre.

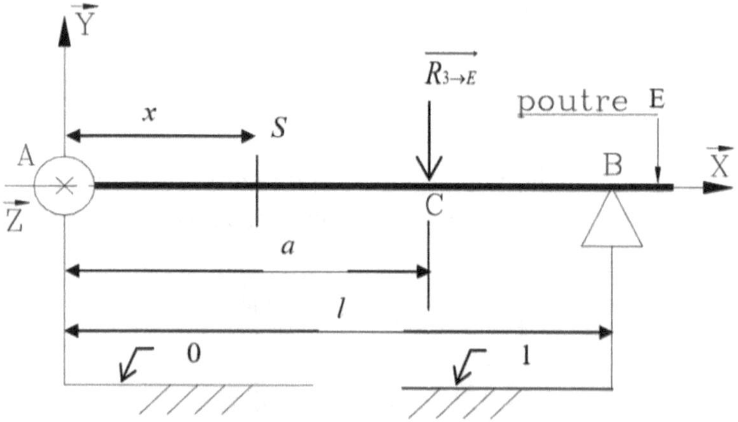

Figure E2.3.

Exercice n° 4 :

Soit une poutre E de longueur l = 3 m (voir Figure E2.4.) et soumise à deux actions mécaniques modélisables par :

— Une charge concentrée appliquée au point C : $\vec{R}_{3\to E}$

— Une charge répartie $q\vec{L}$

On suppose que la charge répartie est modélisée par une charge concentrée au point P, le barycentre de la répartition de charge.

On donne :

$a = 2$ m ; $l = 3$ m ;

$\vec{R}_{3\to E} = -1200\vec{x}$ (N)

$q\vec{L} = -900\vec{y}$ (N)

Le plan $(\vec{x}, \vec{y})$ est un plan de symétrie de la poutre E.

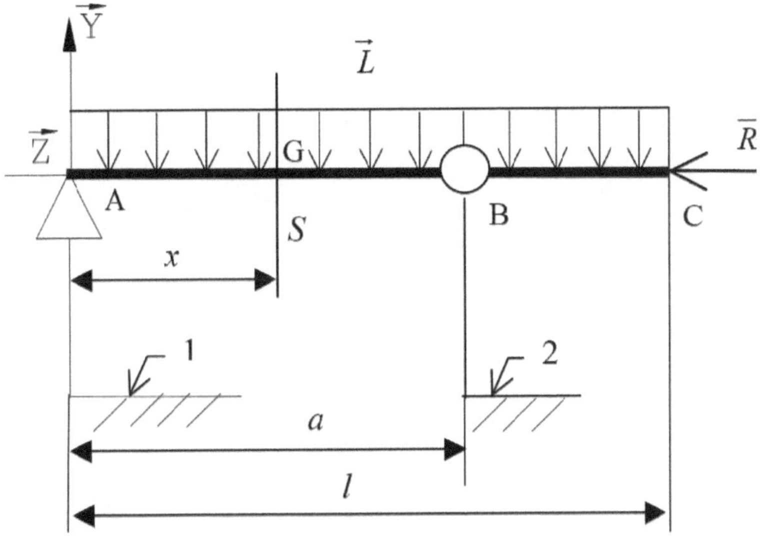

Figure E2.4.

1) Déterminer les actions mécaniques aux points A et B.

2) Déterminer les éléments de réduction du torseur de cohésion en tout point de la poutre E.

3) Tracer les courbes.

Chapitre 3
Traction simple

3.1. Définition de la traction simple

Dans le domaine de la résistance des matériaux, une poutre, ou une barre, est soumise à une sollicitation en traction simple lorsque des efforts axiaux sont appliqués directement et de manière opposée le long de son axe, de manière colinéaire avec la direction de la poutre. Ces forces sont généralement appliquées au centre des surfaces situées aux extrémités de la poutre, où la résistance du matériau est principalement mise à l'épreuve. La traction simple est l'une des sollicitations les plus fondamentales rencontrées dans l'analyse des structures, et elle est importante pour comprendre le comportement mécanique des matériaux sous charge axiale. En étudiant en détail les effets de la traction simple, on est en mesure de mieux appréhender la réponse d'une poutre ou d'une barre soumise à des forces de traction, ce qui est essentiel pour concevoir des structures robustes et fiables dans divers domaines de l'ingénierie.

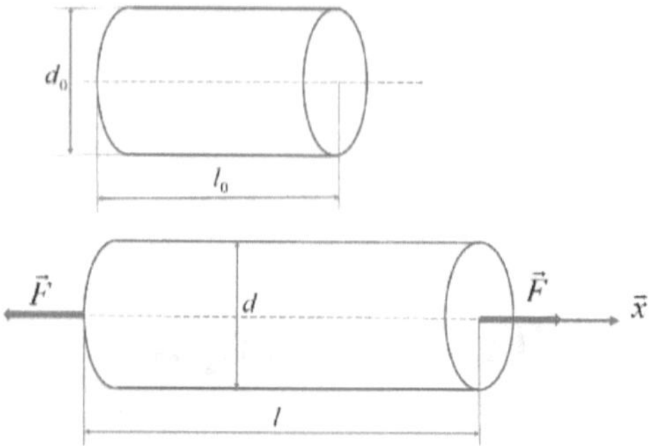

Figure 3.1. Définition de la traction simple.

Une section droite (S) d'une poutre est sollicitée en traction simple ou (en compression simple) si les éléments de réduction du torseur de cohésion par rapport au barycentre G de la section S se réduisent à un effort normal N_x suivant l'axe $\vec{x}$.

Le torseur de cohésion pour la traction simple s'écrit :

$$\left\{T_{coh}\right\}_G = \begin{Bmatrix} N & 0 \\ 0 & 0 \\ 0 & 0 \end{Bmatrix}_{(G,\vec{X},\vec{Y},\vec{Z})} \tag{3.1}$$

si N>0, c'est la traction simple ;
si N<0, c'est la compression.

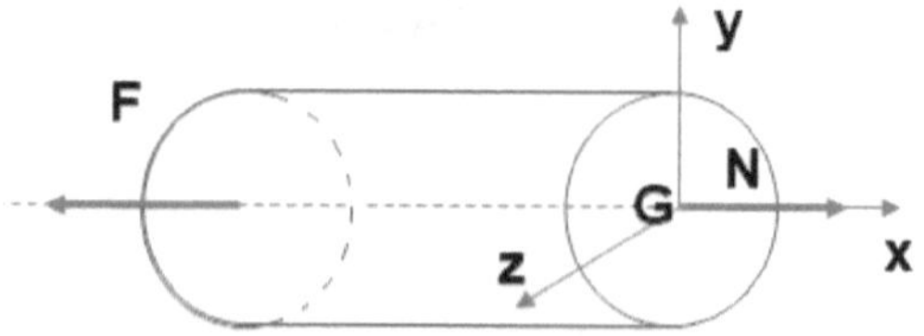

Figure 3.2. Représentation des éléments du torseur de cohésion dans l'essai de traction simple.

3.2. Essai de la traction simple

L'essai de traction simple représente une méthode fondamentale pour caractériser le comportement mécanique des matériaux sous l'application de forces extérieures. Ce processus implique l'application progressive d'une charge sur une éprouvette normalisée à l'aide d'une machine de traction, jusqu'à ce que la rupture se produise. L'objectif principal est d'étudier la réponse du matériau à la déformation et d'extraire des données cruciales sur ses propriétés mécaniques en traction.

Enregistrer l'évolution de l'effort appliqué en fonction du déplacement permet d'obtenir une courbe de traction, laquelle sera ensuite analysée pour déduire divers paramètres de performance. Ces paramètres incluent la limite élastique, le module d'Young, la résistance à la rupture, l'allongement uniforme, entre autres. Cependant, pour obtenir ces propriétés mécaniques, la courbe brute fournie par la machine de traction nécessite un traitement approfondi.

La courbe de traction conventionnelle, représentant la relation entre la contrainte et l'allongement, offre des informations précieuses sur le comportement du matériau. En analysant cette courbe jusqu'à la rupture, trois domaines distincts peuvent être distingués, chacun caractérisant différentes phases de comportement du matériau.

i) OA : le domaine de déformation élastique, c'est le domaine de déformation réversible. Dans cette phase, l'évolution de la contrainte est linéaire en fonction de la déformation.

ii) AB : le domaine de déformation plastique, c'est aussi le domaine de la déformation irréversible. Dans cette phase, l'évolution de la contrainte est non linéaire en fonction de la déformation.

iii) BC : le domaine de la rupture où la déformation plastique se localise (striction) et par la suite, la contrainte diminue, jusqu'à la rupture de l'éprouvette.

Cette analyse fine permet une compréhension approfondie des mécanismes de déformation et de rupture, fournissant ainsi des données capitales pour l'ingénierie des matériaux et la conception de structures robustes.

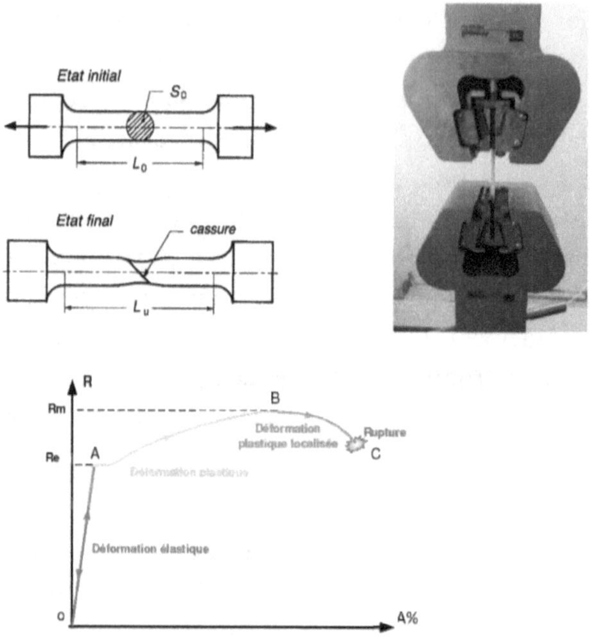

Figure 3.3. Éprouvette de traction, montage de l'éprouvette et courbe de traction et les domaines de déformation obtenus.

3.2.1. Étude de contraintes en traction

Considérons le tronçon (E_1) limité par la section droite (S). Soient le repère $R(G,\vec{x},\vec{y},\vec{z})$ associé à la section droite(S) et le torseur de cohésion des efforts exercés par (E_2) sur (E_1) à travers (S) :

$$\left\{T_{coh}\right\}_R = \left\{\begin{matrix}\vec{R}\\ \vec{M}_G\end{matrix}\right\}_G$$

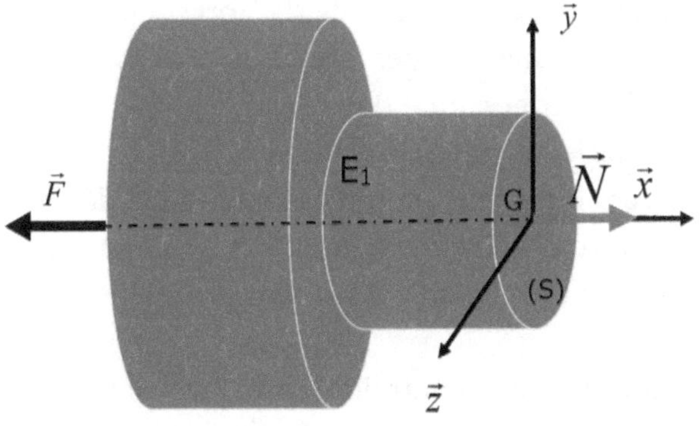

Figure 3.4. Représentation des éléments de réduction du torseur de cohésion en traction simple (l'effort normal).

Écrivons les éléments de réduction du torseur de cohésion au point G et dans le repère $R(G, \vec{x}, \vec{y}, \vec{z})$:

$$\{T_{coh}\}_G = \begin{Bmatrix} \vec{R} = -\vec{F} \\ \vec{M}_G = \vec{0} \end{Bmatrix}_G \qquad (3.2)$$

avec $\vec{N} = F.\vec{x}$

Dans l'essai de traction, plusieurs hypothèses sont posées pour faciliter l'analyse des résultats et interpréter correctement le comportement du matériau testé :

(i) La première hypothèse stipule que la section droite de l'éprouvette reste plane et perpendiculaire à l'axe de traction tout au long de l'essai. Cette condition est nécessaire pour garantir que les déformations observées sont uniquement dues à l'effet de traction et ne sont pas influencées par des distorsions géométriques de la pièce.

(ii) La deuxième hypothèse suppose que l'allongement unitaire, c'est-à-dire le changement de longueur par unité de longueur initiale $\frac{\Delta l}{l}$, est uniforme entre deux sections droites quelconques de l'éprouvette. En d'autres termes, chaque segment de la pièce s'étire de manière uniforme sous l'effet de la force appliquée. Cette hypothèse simplifie l'analyse des résultats en permettant une interprétation plus cohérente des déformations observées à différentes positions le long de l'éprouvette.

Ces hypothèses, bien que simplificatrices, sont déterminantes pour établir un cadre d'analyse cohérent lors de l'essai de traction, permettant ainsi une évaluation précise des propriétés mécaniques du matériau étudié.

Dans la traction simple, la contrainte appliquée est une contrainte normale σ supposée uniformément répartie en tout point de la section droite de la poutre.

$\sigma = \frac{F}{S_0}$, où F est la force de traction (en N) et S_0 (en mm^2) est la section initiale de la poutre (éprouvette).

En chaque point M de la section droite de la poutre, est soumis à un effort élémentaire $\Delta\vec{F} = \Delta\vec{N}$ normal à l'élément de surface élémentaire dS et suivant la ligne moyenne de la poutre.

On suppose que la répartition de ces efforts élémentaire est uniforme à travers la section totale (S) de la poutre.

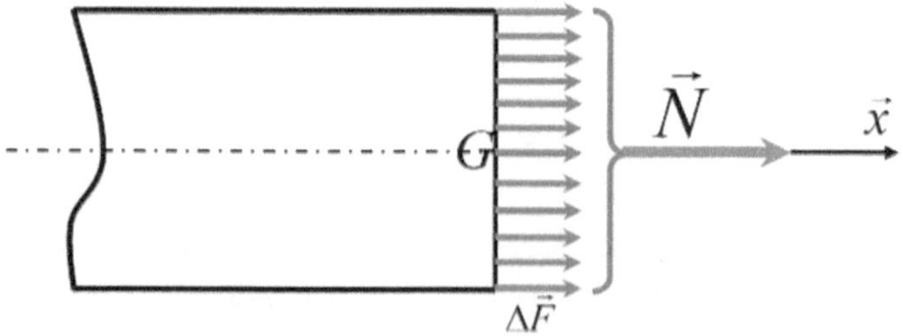

Figure 3.5. Représentation de la répartition uniforme des efforts élémentaires à travers une section de la poutre en traction.

$$\vec{T}(M,\vec{n}) = \sigma.\vec{x} \tag{3.3}$$

et comme

$$N = \iint_S \sigma.dS = \sigma.S \tag{3.4}$$

alors

$$\sigma = \frac{N}{S} \tag{3.5}$$

Si $\sigma > 0$ c'est la contrainte de traction simple

Si $\sigma < 0$, c'est la contrainte de la compression

3.2.2. La déformation en traction

Au cours de la traction simple, une section droite de la poutre subit un allongement uniforme Δx le long de la direction longitudinale. Par la suite, on définit la déformation axiale unitaire par $\varepsilon_x = \frac{\Delta x}{x}$. Quand l'éprouvette s'allonge élastiquement, elle subit également une déformation transversale $\varepsilon_y = \varepsilon_z$, proportionnelle à la déformation axiale ε_x.

$$\varepsilon_y = -\nu\, \varepsilon_x \tag{3.6}$$

Où le coefficient ν (sans unité) est appelé coefficient de Poisson. Ce coefficient est de l'ordre de 0,3 pour les aciers et 0,33 pour les alliages d'aluminium. Le signe négatif indique qu'une contraction est obtenue au niveau du diamètre de l'éprouvette.

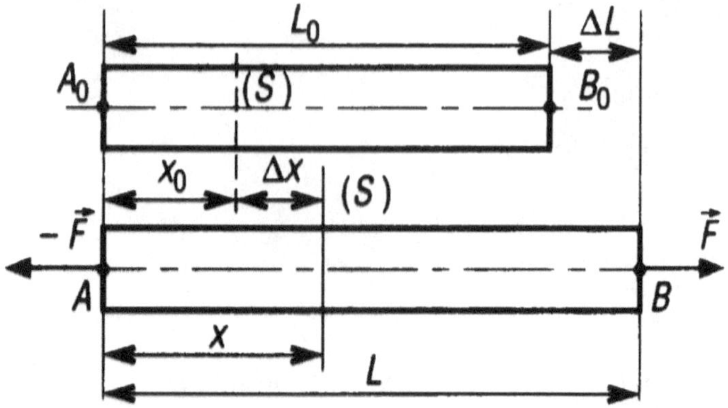

Figure 3.6. Représentation de l'état non déformé et déformé pour une poutre sollicitée en traction simple.

3.3. Loi de Hooke

Dans le domaine élastique, on démontre que la contrainte normale σ est proportionnelle à la déformation axiale ε_x. D'où, le comportement du matériau est élastique linéaire. Ce coefficient de proportionnalité est appelé le module d'Young et noté E.

$$\sigma = \frac{N}{S} \text{ ou } \sigma = \frac{F}{S} \qquad (3.7)$$

$$\varepsilon_x = \frac{\Delta x}{x} \text{ ou } \varepsilon_x = \frac{\Delta l}{l} \qquad (3.8)$$

$$\sigma = \frac{F}{S} = E\frac{\Delta l}{l} = E\varepsilon \qquad (3.9)$$

Finalement

$$\sigma = E\varepsilon \qquad (3.10)$$

Puis que la déformation ε est sans unité et que l'unité de la contrainte σ est le MPa, alors l'unité du module d'Young est le MPa.

3.4. Condition de résistance

Pour assurer la sécurité des structures en service soumises à la traction simple, il est impératif que les contraintes de traction développées à l'intérieur des sections de ces structures (telles que les poutres ou les barres) demeurent dans le domaine élastique. En aucun cas, les contraintes ne doivent dépasser la limite élastique en traction du matériau constitutif.

De manière générale, les concepteurs dimensionnent les structures de manière à garantir une marge de sécurité adéquate, afin d'éviter tout risque de défaillance. À cette fin, un coefficient de sécurité, noté « s », est souvent adopté. Ce coefficient de sécurité permet de prendre en compte les incertitudes inhérentes au processus de conception, ainsi que les variations imprévues des charges ou des conditions de service. En choisissant une valeur appropriée pour ce coefficient de sécurité, les concepteurs peuvent s'assurer que les structures restent robustes et résistantes dans une gamme variée de conditions de chargement et d'utilisation.

Pour qu'une poutre résiste à la traction, il faut que :

$$\sigma = \frac{N}{S} \leq R_{pe} \qquad (3.11)$$

Où $R_{pe} = \frac{\sigma_e}{s}$

Avec :

R_{pe} : la contrainte pratique à la traction

σ_e : la limite élastique en traction (MPa)

Les coefficients de sécurité utilisés peuvent varier en fonction du type de structure, du matériau utilisé, des normes et des codes de conception applicables, ainsi que des exigences spécifiques du projet. Cependant, voici quelques exemples de coefficients de sécurité couramment utilisés dans différentes applications :

- Pour les structures de génie civil :

— Coefficient de sécurité pour la charge permanente : généralement compris entre 1,2 et 1,5.

— Coefficient de sécurité pour la charge variable : généralement compris entre 1,5 et 1,8.

— Coefficient de sécurité global pour la résistance des matériaux : souvent compris entre 1,5 et 2,0.

• Pour les structures métalliques :

— Coefficient de sécurité pour la résistance à la traction ou à la compression : souvent compris entre 1,5 et 2,0.

• Pour les structures en bois :

— Coefficient de sécurité pour la résistance à la flexion et pour la compression : généralement compris entre 1,6 et 2,0.

Il convient de noter que ces valeurs sont indicatives et peuvent varier en fonction des normes nationales, des réglementations locales et des pratiques de conception spécifiques à chaque projet. Il est également important de prendre en compte d'autres facteurs tels que les conditions environnementales, les charges dynamiques, et les tolérances de fabrication lors de la détermination des coefficients de sécurité appropriés.

Application :

Un tirant de 2 m de long supporte dans une section droite quelconque un effort normal d'extension N = 5 000 N. Il est en acier pour le lequel : $R_{pe} = 100$ MPa et $E = 2 \times 10^5$ MPa.

— Déterminer le diamètre minimal du tirant et son allongement.

— Calculer l'allongement Δl que le tirant a subi.

Réponse :

Pour déterminer le diamètre minimal du tirant, il faut s'assurer que le diamètre qu'on cherche doit vérifier la condition de résistance du tirant à la traction : $\sigma \leq R_{pe}$ soit :

$$\frac{N}{S} \leq R_{pe} \text{ d'où } S \geq \frac{N}{R_{pe}}$$

Soit $S \geq \frac{5000}{100}$; $S \geq 50 \text{ mm}^2$

$$S = \frac{\pi d^2}{4}$$

D'où : $d \geq 8$ mm

— L'allongement Δl est calculé en utilisant la loi de Hooke :

$$\sigma = E\varepsilon \quad \text{avec } \sigma = \frac{N}{S} \text{ et } \varepsilon = \frac{\Delta l}{l}$$

d'où $\Delta l = \frac{Nl}{ES} = \frac{5000 \times 2 \times 10^3}{50 \times 2 \times 10^5}$ ou $\Delta l = 1$ mm.

3.5. La concentration des contraintes

La répartition uniforme des contraintes dans les sections des poutres n'est pas toujours garantie. Lorsque des discontinuités de section, telles que des filetages ou des trous, sont présentes, cela peut entraîner une augmentation locale des contraintes. Cette augmentation est due à la concentration de contraintes au voisinage de ces singularités, ce qui peut potentiellement compromettre la résistance et la durabilité de la structure.

Pour tenir compte de ce phénomène, on utilise un coefficient de concentration de contraintes, noté k_t. Ce coefficient est appliqué à la contrainte nominale, c'est-à-dire la contrainte calculée sans prendre en compte la concentration de contraintes. En multipliant la contrainte nominale par ce coefficient, on obtient la contrainte réelle (ou maximale) à laquelle la structure est soumise au niveau de la

$$\sigma_{réelle} = k_t.\sigma_{nom} \tag{3.12}$$

singularité de la section.

Le coefficient de concentration de contraintes dépend de la géométrie de la singularité et peut être déterminé empiriquement ou par des méthodes analytiques ou numériques. Il est essentiel dans la conception de structures pour garantir une évaluation précise des contraintes et assurer la sécurité et la fiabilité de la structure face aux charges appliquées.

Ces coefficients de concentrations de contraintes se trouvent dans des abaques qui définissent le type de défaut et les valeurs de concentration de contraintes à prendre.

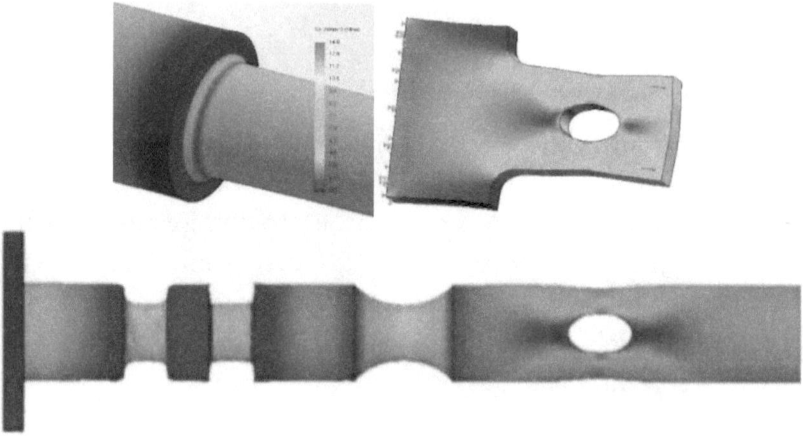

Figure 3.7. Exemples de concentration de contraintes (simulations numériques).

Application 2 :

Considérons un arbre à épaule qui subit un effort normal d'extension $N = F$. Le coefficient de concentration de contrainte k_t peut être déterminé en utilisant l'abaque donné (voir Figure 3.8).

On donne :

D = 100 mm, d = 64 mm, r = 5 mm et $t = \dfrac{D-d}{2} = 18$ mm ; on obtient le coefficient $k_t = 2{,}1$.

La contrainte nominale d'extension se calcule facilement : $\sigma = \dfrac{N}{S}$

avec N = 5 104 N et d = 64 mm.

$\sigma_{nom} = 15{,}54$ MPa

La contrainte réelle se trouve au niveau de la variation de section et vaut :

$\sigma_{réelle} = k_t \sigma_{nom} = 32{,}64$ MPa

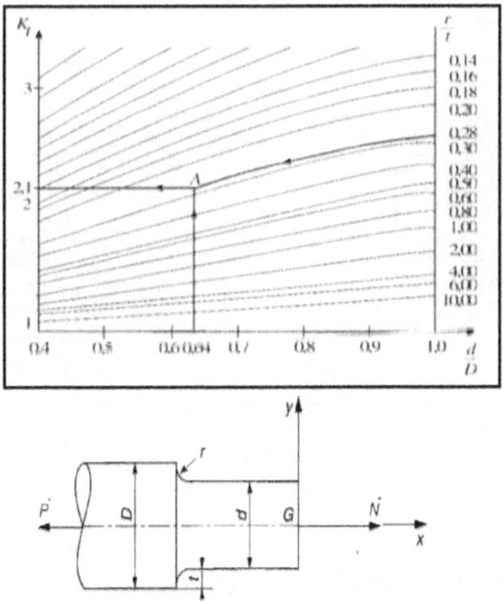

Figure 3.8. Abaque pour déterminer le coefficient k_t en fonction du rapport d/D pour une pièce épaulée.

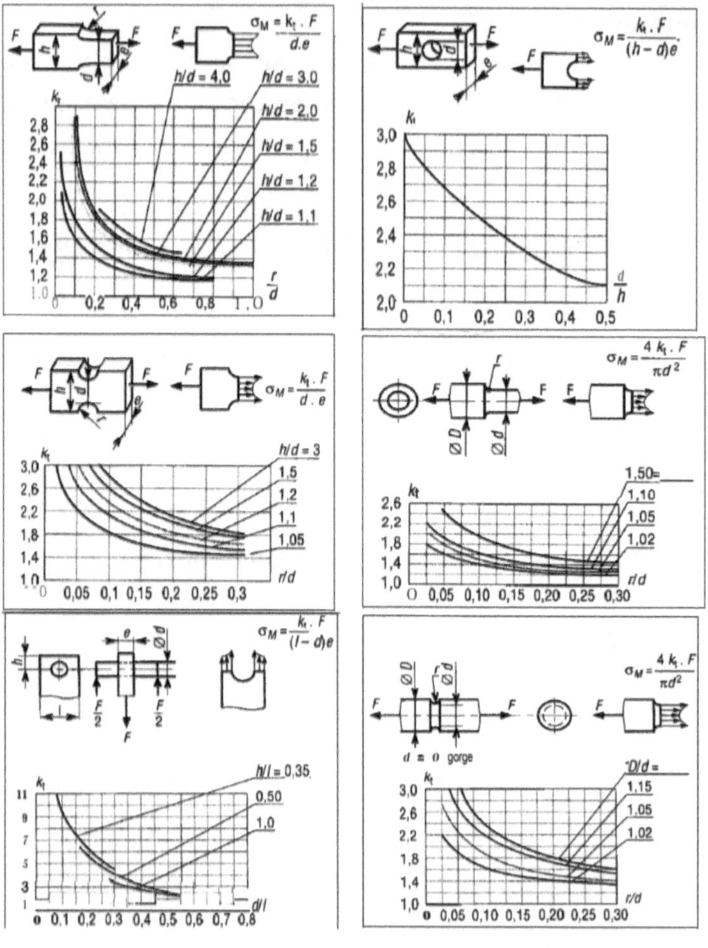

Figure 3.9. Quelques abaques pour déterminer le coefficient de concentration de contraintes k_t.

3.6. Contraintes dans une section inclinée

Considérant une poutre sollicitée en traction simple et une section oblique (S), inclinée d'un angle α par rapport à la ligne moyenne de la poutre.

Déterminons les contraintes exercées dans la section oblique (S).

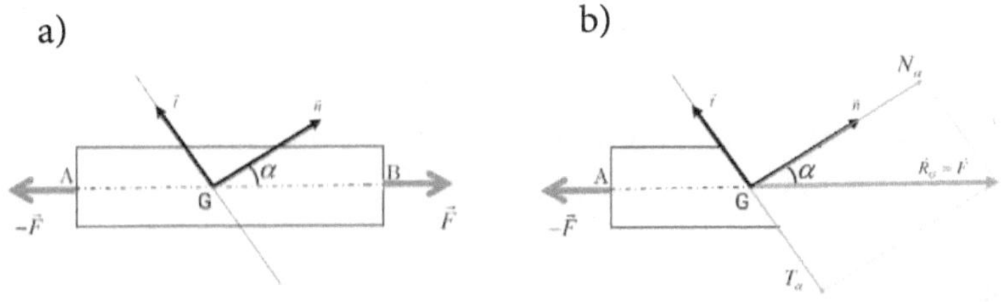

Figure 3.10. a) Coupure oblique ; b) efforts intérieurs au centre G de la section oblique (S).

Effort normal N_α :

$$N_\alpha = R_G \cos\alpha = F\cos\alpha \tag{3.13}$$

Effort tangentiel T_α :

$$T_\alpha = R_G \sin\alpha = F\sin\alpha \tag{3.14}$$

L'équilibre statique du tronçon E1 (cf. Figure 3.10 b) montre que les efforts intérieurs du torseur de cohésion se réduisent à $\vec{R}_G = \vec{F}$ au point G, barycentre de la section inclinée (S). La projection de $\vec{R}_G$ sur les vecteurs $\vec{n}$ et $\vec{t}$ donne respectivement l'effort normal N_α et l'effort tranchant T_α dans la coupure.

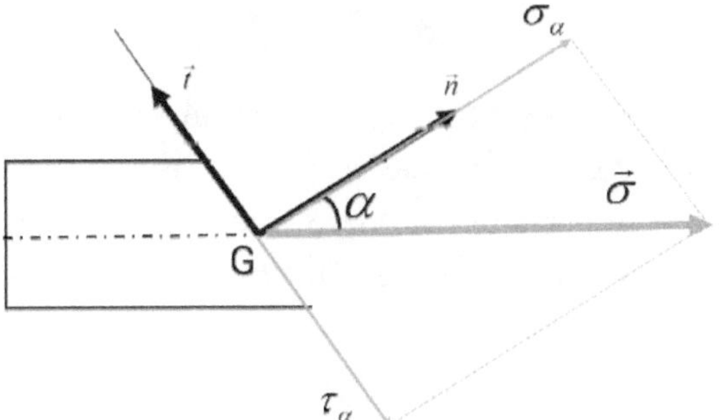

Figure 3.11. Coupure oblique et définition du vecteur contrainte normale.

Les contraintes $\vec{\sigma}$ dans la section sont supposées identiques en tout point et parallèles à la ligne moyenne de la poutre. La projection de $\vec{\sigma}$ sur les vecteurs $\vec{n}$ et $\vec{t}$ donne respectivement la contrainte normale à la coupure σ_α et la contrainte tangentielle τ_α.

Soient S_0 l'aire de la section droite et S l'aire de la section inclinée et que $\sigma_0 = \dfrac{F}{S_0}$.

$$\sigma_\alpha = \frac{N_\alpha}{S} = \frac{N_\alpha}{S_0}\cos\alpha = \frac{F}{S_0}\cos^2\alpha = \sigma_0 \cos^2\alpha \qquad (3.15)$$

$$\tau_\alpha = \frac{T_\alpha}{S} = \frac{T_\alpha \cos\alpha}{S_0} = \frac{F}{S_0}\sin\alpha\cos\alpha = \sigma_0 \sin\alpha\cos\alpha \qquad (3.16)$$

On peut remarquer que la contrainte normale σ_α est maximale pour $\alpha = 0°$, autrement dit $\sigma_{\alpha\max} = \sigma_0$ et la contrainte tangentielle τ_α est maximale pour $\alpha = 45°$, autrement dit $\tau_{\alpha\max} = \dfrac{\sigma_0}{2}$.

Lorsque la résistance au cisaillement d'un matériau est moins élevée, celui-ci aura tendance à se rompre dans un plan incliné à 45 degrés, car c'est dans ce plan que les contraintes de cisaillement atteignent leur maximum. Ce phénomène est dû au fait que les contraintes de traction et de compression sont équivalentes dans ce plan.

À l'opposé, si la résistance à la traction du matériau est relativement plus faible, il sera sujet à la rupture dans une section perpendiculaire à la direction de la force appliquée, où l'angle α est égal à zéro. Autrement dit, la rupture se produira dans un plan droit, sans inclinaison.

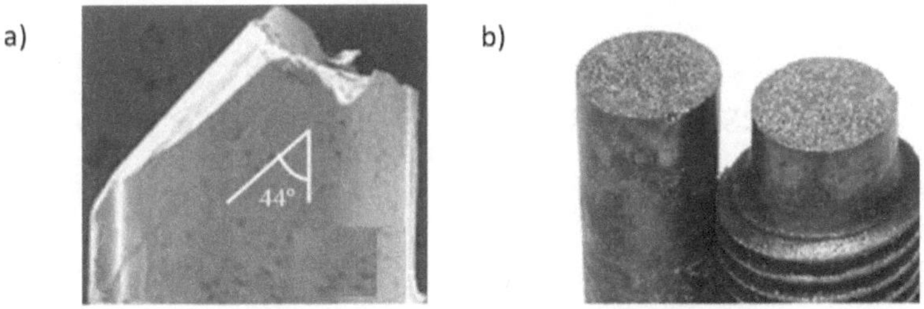

Figure 3.12. a) rupture dans un plan incliné presque à 45° (pour un matériau ayant une résistance au cisaillement faible) ; b) rupture dans un plan droit à un angle 0° (pour un matériau ayant une résistance faible à la traction).

Énoncés des exercices du chapitre n° 3

Traction simple

Exercice n° 1 :

Soit une vis de longueur $l = 200$ mm et de diamètre $d = 16$ mm La vis est en équilibre sous l'action d'une force de traction d'intensité F = 10 000 N. Elle est en acier et de module d'Young $E = 200000$ MPa.

1) Calculer la contrainte dans la section droite de la vis.

2) Calculer la limite élastique de la vis, si on suppose que le coefficient de sécurité adopté est s = 4.

3) Déterminer l'allongement Δl de la vis.

Exercice n° 2 :

Une barre en acier de diamètre d = 10 mm et de longueur L = 3 m, est tiré par une force de 12 560 N. Le module d'Young est E = 200 000 MPa.

1) Calculer la contrainte dans cette barre.

2) Calculer l'allongement de la barre.

Exercice n° 3 :

Un câble en acier de masse volumique ρ =7,8 g/cm^3, de diamètre d = 6 mm et de limite élastique R_e = 360 MPa. Il supporte une charge de masse m = 800 kg dans un puits de profondeur h = 500 m.

On demande de :

1) Calculer le poids du câble.

2) Calculer la contrainte dans le câble.

3) Calculer le coefficient de sécurité.

4) Calculer l'allongement Δl de ce câble.

5) Calculer l'allongement de ce câble sous l'effet de son propre poids.

Chapitre 4
Cisaillement simple

4.1. Définition du cisaillement simple

Le cisaillement simple se produit lorsque deux forces s'appliquent de manière perpendiculaire à la ligne moyenne de la poutre, provoquant ainsi des déformations de cisaillement ou glissement le long de sa section transversale. Cette sollicitation entraîne des contraintes de cisaillement qui agissent parallèlement à la surface de la section et induisent des déformations de glissement entre les différentes parties de la poutre.

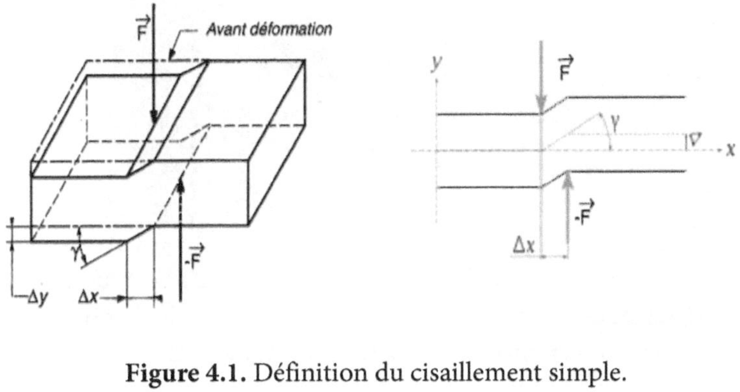

Figure 4.1. Définition du cisaillement simple.

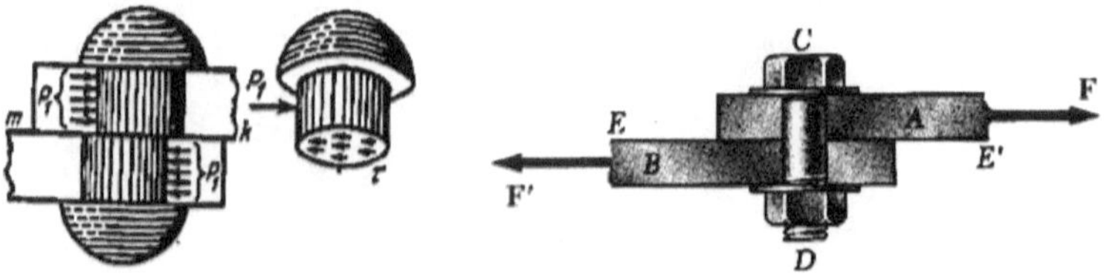

Figure 4.2. Exemples où le cisaillement est mis en évidence.

4.2. Torseur de cohésion en cisaillement simple

Sous l'action de ces deux forces, la poutre tend à se séparer en deux tronçons E_1 et E_2 glissant l'un par rapport à l'autre dans le plan de section droite (S).

Une section droite (S) d'une poutre (E) est sollicitée au cisaillement simple si les éléments de réduction au centre de surface G de (S) du torseur de cohésion sont :

$$\{T_{coh}\}_G = \begin{Bmatrix} 0 & 0 \\ -T & 0 \\ 0 & 0 \end{Bmatrix}_{(G,\vec{X},\vec{Y},\vec{Z})} \quad (4.1)$$

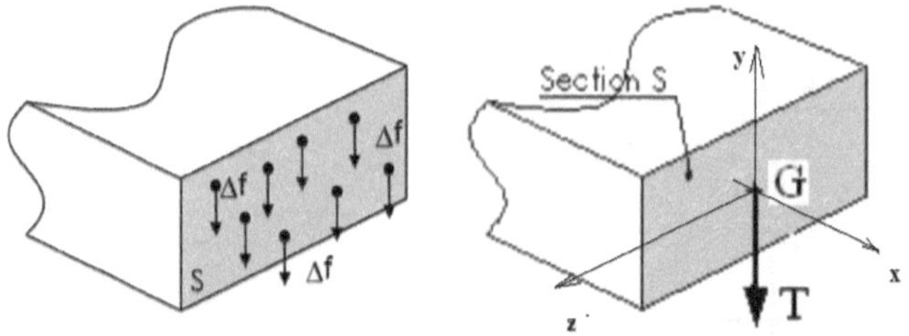

Figure 4.3. Représentation des efforts élémentaires agissant sur la section droite (S) et les éléments de réduction du torseur de cohésion dans le cas du cisaillement simple (effort tranchant).

4.3. Essai de cisaillement simple

Dans la pratique, il est quasiment impossible de réaliser le cisaillement pur au sens de la définition précédente du torseur de cohésion. Cependant, les essais de cisaillement expérimentalement réalisés peuvent rendre compte des actions tangentielles dans une section droite d'une poutre. Considérons une poutre (E) parfaitement encastrée et on lui applique un effort tranchant F, uniformément réparti dans la section droite (S) distante de Δx du plan (S_0) d'encastrement. En effet, dans ce cas, on parle de cisaillement simple. On suppose que cette distance Δx << (très faible) pour s'approcher des conditions de cisaillement réel.

(Dans le cas où $\Delta x = 0$, c'est le cisaillement pur).

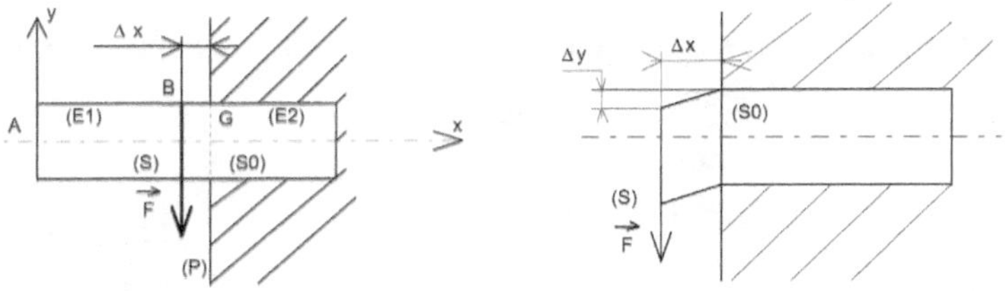

Figure 4.4. Poutre sollicitée en cisaillement simple.

Dans le cas du cisaillement simple, le torseur de cohésion s'écrit :

$$\{T_{coh}\}_G = \begin{Bmatrix} 0 & 0 \\ Ty & 0 \\ 0 & Mfz \end{Bmatrix} = \begin{Bmatrix} 0 & 0 \\ -F & 0 \\ 0 & F.\Delta x \end{Bmatrix}_{(G,\vec{X},\vec{Y},\vec{Z})} \tag{4.2}$$

4.4. Courbe contrainte déformation en cisaillement

Pour réaliser un essai de cisaillement, il n'existe pas un équipement proprement dédié à cet essai comme on le voit pour l'essai de traction simple. Généralement, un banc d'essai est réalisé pour maintenir l'éprouvette et assurer la réalisation de l'essai de cisaillement dans les conditions optimales. En effet, l'allure de la courbe de cisaillement brute, c'est-à-dire, le traçage de l'effort de cisaillement F en fonction de la variation du glissement Δy est pratiquement similaire à celle obtenue pour la traction, sauf qu'ici, les quantités des grandeurs obtenues sont différentes. Dans tous les cas, cette allure reflète le comportement du matériau. La courbe représentée ci-dessous présente :

OA : une zone de déformation élastique (linéaire).

OB : une zone de déformation plastique (non linéaire).

BC : une zone de déformation localisée (striction) qui se termine par la rupture.

Au cours de l'essai et sous l'effet d'un effort uniformément réparti dans la section (S), celle-ci se déplace dans son plan par la quantité Δy (en mm) appelé glissement. Il est plus judicieux de définir un glissement sans unité, par la suite on définit l'angle de glissement par la quantité : $tg\,\gamma = \dfrac{\Delta y}{\Delta x}$.

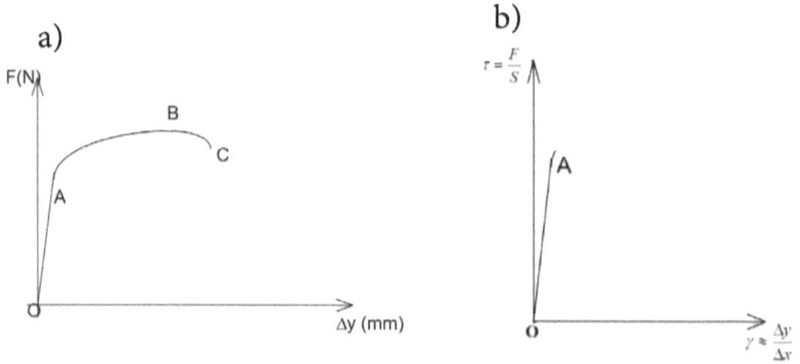

Figure 4.5. a) Courbe force – déplacement (Δy) ; b) la courbe contrainte de cisaillement en fonction du glissement γ représentée dans le domaine élastique linéaire.

En RDM, seulement la partie élastique est à considérer. En effet, à partir de la courbe $(F, \Delta y)$ (voir Figure 4.4. a), une courbe transformée est obtenue (Figure 4.4. b), où on représente la contrainte de cisaillement, notée τ est définie par la relation suivante :

$$\tau = \frac{F}{S} \tag{4.3}$$

F est la force appliquée pour déplacer la section (S) dans son plan. L'axe des abscisses est transformé en une déformation de cisaillement noté γ. Dans le domaine élastique, les déformations sont très petites, par la suite on peut approximer $tg\gamma \approx \gamma$.

L'allure de la courbe contrainte – glissement est linéaire, d'où on peut écrire :

$$\tau = \frac{T}{S} = \frac{F}{S} \tag{4.4}$$

$$\gamma = \frac{\Delta y}{\Delta x} \tag{4.5}$$

d'où

$$\tau = \frac{F}{S} = G\frac{\Delta y}{\Delta x} \tag{4.6}$$

$$\tau = G \ \gamma \tag{4.7}$$

C'est la loi de Hooke en cisaillement.

G est le coefficient de proportionnalité entre la contrainte de cisaillement et la déformation de cisaillement, il est appelé le module d'élasticité transversale ou module de Coulomb. L'unité de G est le MPa.

Il existe une relation entre le module d'Young E et le module de Coulomb G.

$$G = \frac{E}{2(1+\nu)} \tag{4.8}$$

ν est le coefficient de Poisson, et pour les aciers $\nu = 0{,}3$.

Pour les aciers, cette relation simplifiée suivante est souvent utilisée pour déterminer le module de Coulomb.

$$\mathrm{G} \simeq 0{,}4\, E \tag{4.9}$$

4.5. Condition de résistance au cisaillement

Pour des raisons de sécurité, la contrainte tangentielle τ doit rester inférieure à une certaine valeur limite, appelée la résistance pratique de cisaillement τ_{pg}.

Où

$$\tau_{pg} = \frac{\tau_e}{s} \tag{4.10}$$

avec τ_e est la limite élastique en cisaillement et s est un coefficient de sécurité défini par le concepteur.

Donc, la condition de résistance s'écrit :

$$\tau = \frac{T}{S} \leq \tau_{pg} \tag{4.11}$$

Souvent, la limite élastique en cisaillement n'est pas disponible expérimentale, dans ce cas la relation suivante permet de calculer cette grandeur à partir de la limite élastique en traction :

$$\tau_e = \frac{\sigma_e}{\sqrt{3}} \tag{4.12}$$

4.6. Matage des clavettes

4.6.1. Définition du matage

Imaginons un moteur puissant propulsant une machine, sa force transmise par un arbre robuste. Pour que cette énergie parvienne à son destinataire, un élément crucial intervient : le moyeu, fixé à l'arbre par un lien invisible mais essentiel, le matage des clavettes. Le matage, ce processus discret, se produit lors de l'assemblage d'une clavette entre l'arbre et le moyeu. Une pression intense est appliquée, déformant microscopiquement les aspérités de surface des pièces. C'est cette déformation plastique qui crée l'effet de matage (voir Figure 4.6). Le matage des clavettes, bien que discret, est un concept fondamental en résistance des matériaux. Sa compréhension est essentielle pour la conception et le dimensionnement d'assemblages mécaniques fiables et performants.

Figure 4.6. Matage de clavette.

4.6.2. Dimensionnement

L'objectif du dimensionnement de la clavette est de déterminer sa longueur mini en fonction des sollicitations encaissées et de ses caractéristiques.

Deux méthodes ou critères peuvent être utilisés :

- Critère de résistance au cisaillement
- Critère de résistance au matage

La résistance au matage est la méthode déterminante pour dimensionner la clavette. Le matage des clavettes est un phénomène mécanique qui se produit lors de l'assemblage d'une clavette entre deux pièces rotatives, comme un arbre et un moyeu, conduisant à l'écrasement de la clavette dans le cas d'une certaine pression, appelée pression admissible et notée P_{adm}.

Lors du dimensionnement des clavettes, la pression exercée sur les surfaces latérales des clavettes soit être maintenu inférieure à :

$$P \leq P_{adm} \quad (4.13)$$

Il est important de souligner que la pression admissible P_{adm} prend généralement en compte un coefficient de sécurité. Ce dernier n'apparaît pas explicitement dans les formules de calcul ultérieures, car sa valeur est déjà intégrée dans la pression admissible.

Tableau 4.1. Les pressions admissibles de matage des clavettes en fonction du type de montage et des conditions de fonctionnement.

Clavette	Conditions de fonctionnement		
	Avec à-coups ou vibrations	Cas général	Charge et vitesse constante
Montage Glissière	de 3 à 8 MPa	de 4 à 12 MPa	de 8 à 15 MPa
Encastrement (fixe)	de 30 à 55 MPa	de 45 à 75 MPa	de 60 à 115 MPa

Application :

Un matériau en acier de forme parallélépipédique $(a \times b \times c)$ avec a = 50 mm, b = 100 mm et h = 25 mm.

Déterminer l'angle de glissement γ si l'effort tangentiel T=100000 N et si le module d'Young est $E = 200000$ MPa

La contrainte de cisaillement :

$$\tau = \frac{T}{S} = \frac{T}{a \times b} = \frac{100000}{50 \times 100} = 20 \text{ MPa}$$

L'angle de glissement γ :

$$\gamma = \frac{\tau}{G} = \frac{20}{0.4 \times 200000} = \frac{20}{80000} = 0,00025 \text{ rad}$$

ou

$\gamma = 0,014°$

Énoncés des exercices du chapitre n° 4

Cisaillement simple

Exercice n° 1 :

Sur une presse de poinçonnage, le poinçon 1 de la figure réalise un trou oblong (rectangle 100×20 et deux demi-cercles de 10 mm de rayon) dans une tôle 2 en acier doux et d'épaisseur 3 mm (voir Figure E4.1).

La résistance à la traction de la tôle est $\sigma_m = 410$ MPa.

1) Indiquer et calculer la section cisaillée par poinçonnage.

2) Déterminer l'effort minimal qu'exerce le poinçon F, pour la réalisation de l'opération de poinçonnage.

3) Calculer la contrainte de compression dans le poinçon.

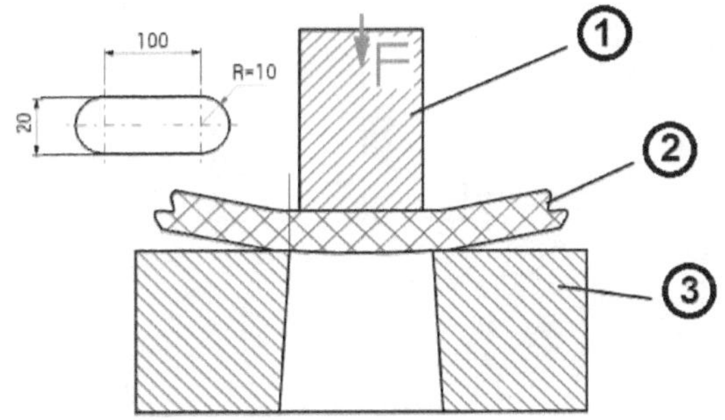

Figure E4.1.

Exercice n° 2 :

Par l'action d'une force F qui s'exerce sur un poinçon, on se propose de poinçonner (découper par poinçonnage) un trou carré de côté a = 20 mm dans une tôle d'épaisseur e = 4 mm (voir Figure E4.2).

La tôle est en acier de limite élastique $\sigma = 350$ MPa.

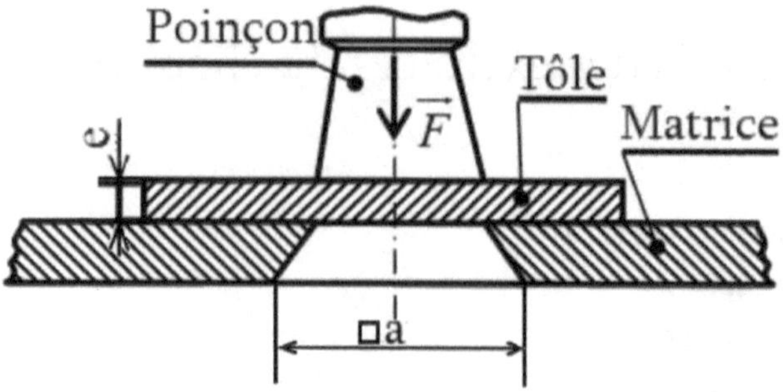

Figure E4.2.

1) Calculer l'effort minimal F que le poinçon doit exercer pour poinçonner la tôle.

2) Calculer la contrainte minimale de cisaillement de la tôle.

Exercice n° 3 :

Un arbre (1) transmet un mouvement de rotation à un moyeu (2) par l'intermédiaire d'une clavette (3).

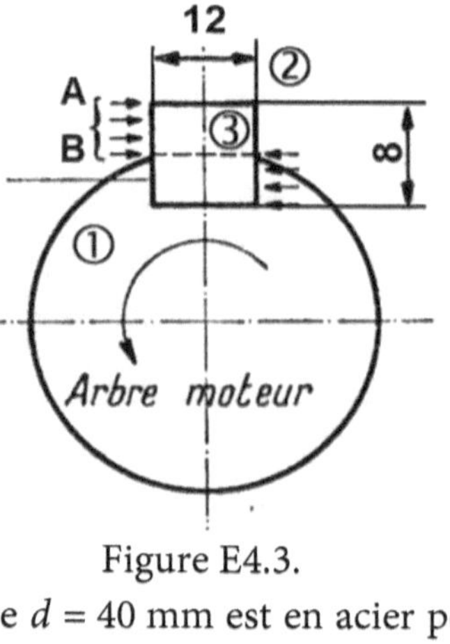

Figure E4.3.

L'arbre de diamètre $d = 40$ mm est en acier pour lequel la limite élastique en cisaillement est $\tau_e = 120$MPa. Le couple transmis a pour valeur M = 64 Nm.

La clavette a pour dimensions 12×8. On choisit un coefficient de sécurité $s = 3$.

La pression maximale admissible sur la surface de contact clavette-moyeu est $p_m = 30\text{MPa}$. On donne AB = 4 mm.

On admet que la résultante F des actions mécaniques sur la surface de contact clavette-moyeu est à une distance d/2 de l'axe de l'arbre.

1) Calculer la résultante F des actions mécaniques de contact.

2) Déterminer la longueur minimale de la clavette.

3) Vérifier la longueur de la clavette à partir de la condition de résistance au cisaillement de celle-ci. Conclure.

Exercice n° 4 :

Pour protéger une chaîne de transmission agricole, on utilise un dispositif de sécurité qui comprend un manchon 3 et deux goupilles 2 et 12, qui doivent se cisailler si le couple à transmettre dépasse la valeur maximale prévue.

La valeur maximale du couple à transmettre est fixée à 60 N.m.

Les goupilles ont le même diamètre d. On donne la limite élastique en cisaillement $\tau_e = 300\text{MPa}$ et le coefficient de sécurité $s = 3$.

1) Calculer l'effort de cisaillement sur les goupilles dû au couple.

2) Donner le torseur de cohésion de cette sollicitation.

3) Calculer le diamètre des goupilles.

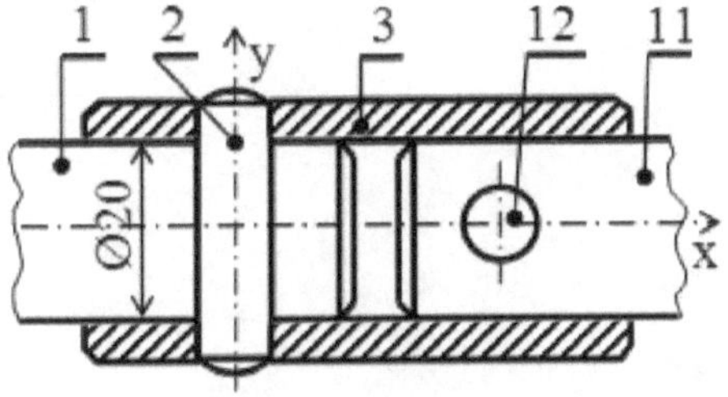

Figure E4.4.

Chapitre 5
Caractéristiques géométriques des sections planes

5.1. Définitions

5.1.1. Barycentre d'une section plane

Le barycentre d'une section est le point qui représente le centre de gravité de cette section. C'est le point où l'on peut considérer que toute la masse de la section est concentrée pour des fins de calculs de moments et d'équilibre. En d'autres termes, il s'agit du point où la section équilibrerait parfaitement si elle était suspendue par ce point.

Prenons l'exemple d'un triangle quelconque ABC. Le barycentre de ce triangle est le point où se croisent les médianes, c'est-à-dire les segments de droite qui relient chaque sommet du triangle au milieu du côté opposé.

Par exemple, si l'on prend les médianes AD, BE et CF (où D, E et F sont les milieux respectifs des côtés BC, AC et AB), leur point d'intersection est le barycentre du triangle ABC. Ce point est noté G (voir Figure 5.1).

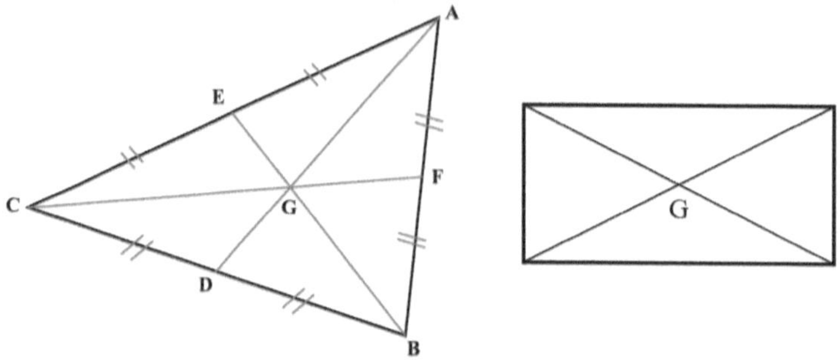

Figure 5.1. Définition du barycentre G (ou centre de gravité) pour un triangle et pour un rectangle.

Le barycentre G est un point spécial dans le triangle où, si le triangle était homogène (c'est-à-dire si toute sa masse était uniformément répartie), il serait en équilibre parfait. C'est pourquoi on le considère souvent comme le « centre de masse » du triangle.

En effet, pour une surface plane (S) de centre de gravité G de coordonnées (x_G et y_G). La surface plane (S) est constituée de *n* surfaces (S_i). Chaque surface (S_i) est de centre de gravité G_i et de coordonnées x_i et y_i par rapport à un repère associé à cette surface plane.

Les coordonnées du centre de gravité de la surface plane G sont :

$$\begin{pmatrix} x_G = \dfrac{\sum_{i=1}^{n} S_i . x_i}{\sum_{i=1}^{n} S_i} \\ y_G = \dfrac{\sum_{i=1}^{n} S_i . y_i}{\sum_{i=1}^{n} S_i} \end{pmatrix} \qquad (5.1)$$

5.1.2. Moment statique d'une section plane

On considère une surface plane (S) et un repère orthonormé $(O, \vec{x}, \vec{y})$ associé au plan de cette surface (S).

Soit un point M_i appartenant à cette surface (S) et de coordonnées (x_i, y_i) et ΔS une surface élémentaire de (S) entourant le point M_i.

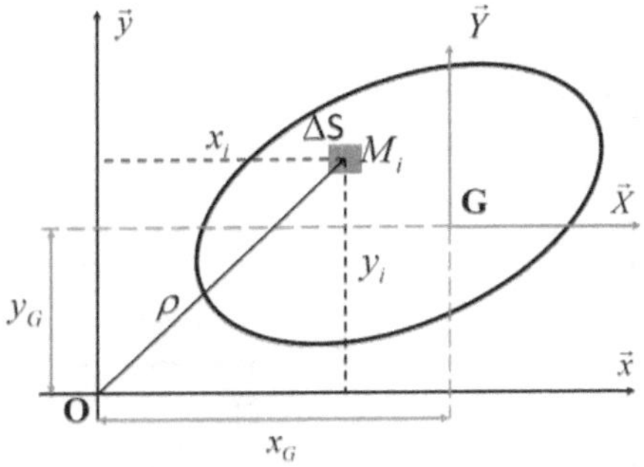

Figure 5.2. Centre de gravité et moment statique d'une section plane.

On définit les moments statiques élémentaires de ΔS par rapport à l'axe $(O, \vec{x})$ et par rapport à l'axe $(O, \vec{y})$ et ils sont notés respectivement ΔM_{Ox} et ΔM_{Oy} par :

$$\begin{aligned} \Delta M_{Ox} &= y_i \Delta S \\ \Delta M_{Oy} &= x_i \Delta S \end{aligned} \qquad (5.2)$$

Les moments statiques de la surface S par rapport à l'axe $(O, \vec{x})$ et par rapport à l'axe $(O, \vec{y})$ s'écrivent comme suit :

$$\begin{aligned} M_{Ox} &= \sum \Delta M_{Ox} = \sum_i y_i \Delta S \\ M_{Oy} &= \sum \Delta M_{Oy} = \sum_i x_i \Delta S \end{aligned} \qquad (5.3)$$

Ou encore en passant par la forme continue, on peut écrire :

$$\begin{aligned} M_{Ox} &= \iint_S y \, dS \\ M_{Oy} &= \iint_S x \, dS \end{aligned} \qquad (5.4)$$

Le moment statique a pour dimension la troisième puissance d'une longueur.

Il s'exprime en mm^3, cm^3 ou m^3.

Exemple :

Soit la surface plane (S) est représentée sur la Figue 5.3 où les dimensions sont exprimées en mm.

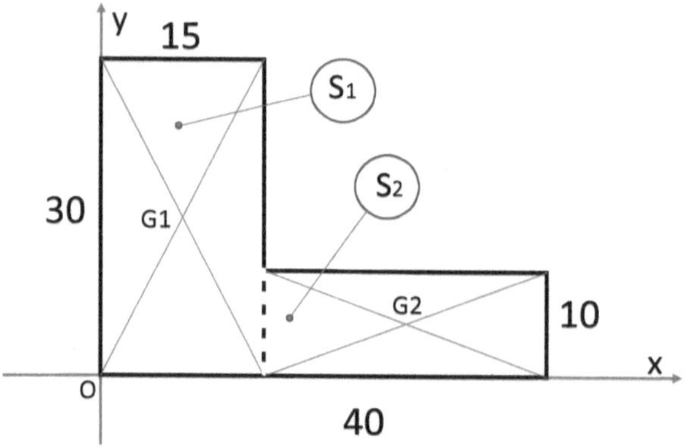

Figure 5.3. Exemple de calcul du centre de gravité et moments statiques.

• Calculer les coordonnées du centre de gravité de la section plane (S).

• Calculer le moment statique de la surface (S) par rapport à l'axe Ox et Oy.

Réponse :

On applique l'équation (5.1) :

$$x_G = \frac{S_1.x_{G1} + S_2.x_{G2}}{S_1 + S_2}$$

$$y_G = \frac{S_1.y_{G1} + S_2.y_{G2}}{S_1 + S_2}$$

Avec :

$S_1 = 15 \times 30 = 450\ mm^2$

$x_{G1} = 7,5\ mm$; $y_{G1} = 15\ mm$

$S_2 = 10\times (40-15) = 10 \times 25 = 250\ mm^2$

$x_{G2} = 27,5\ mm\ ;\ y_{G2} = 5\ mm$

$S = S_1 + S_2 = 450 + 250 = 700\ mm^2$

$$\begin{cases} x_G = \dfrac{450\times 7,5+250\times 15}{450+250} = 14,642\ mm \\ y_G = \dfrac{450\times 15+250\times 5}{450+250} = 11,428\ mm \end{cases}$$

$M_{Ox} = S_1.y_{G1} + S_2.y_{G2}$

$M_{Ox} = 450\times 15 + 250\times 5 = 8\ 000\ mm^3$

$M_{Oy} = S_1.x_{G1} + S_2.x_{G2}$

$M_{Oy} == 450\times 7,5 + 250\times 27,5 = 10\ 250\ mm^3$

On peut ainsi vérifier que :

$M_{Ox} = y_G.S = 11,428 \times 700 = 7\ 999,9 \approx 8\ 000$ mm3

et

$M_{Oy} = x_G.S = 14,642 \times 700 = 10\ 249,4 \approx 10\ 250\ mm^3$

5.1.3. Relation entre moment statique et centre de gravité

Les coordonnées du centre de gravité G de coordonnées x_G et y_G de la surface (S) peuvent s'écrivent en relation avec les moments statiques de la surface plane (S) par rapport aux axes Ox et Oy :

$$\begin{cases} x_G = \dfrac{M_{Oy}}{S} \\ y_G = \dfrac{M_{Ox}}{S} \end{cases} \qquad (5.5)$$

5.2. Moment quadratique d'une surface plane

Considérons une surface plane (S) et un repère orthonormé $(O, \vec{x}, \vec{y})$ de son plan.

Soit un point $M_i \in (S)$ de coordonnées (x_i, y_i) et ΔS_i une surface élémentaire de (S) entourant le point M_i.

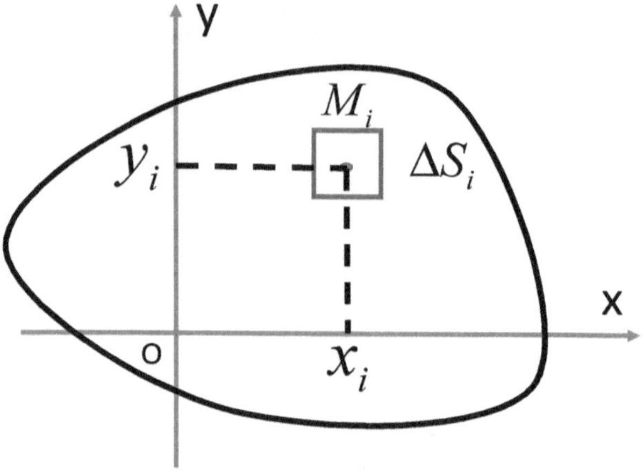

Figure 5.4. Moment quadratique d'une surface plane.

Le moment quadratique élémentaire de ΔS_i par rapport à l'axe Ox noté ΔI_{Ox} est défini par :

$$\Delta I_{Ox} = y_i^2 . \Delta S_i \tag{5.6}$$

Pour l'ensemble de la surface (S) :

$$I_{Ox} = \sum_{i=1}^{n} \Delta I_{Ox} = \sum_{i=1}^{n} y_i^2 . \Delta S_i \tag{5.7}$$

Pour la forme intégrale on a les moments quadratiques de la section plane (S) par rapport aux axes (Ox) et (Oy) :

$$I_{Ox} = \iint_S y^2 ds \qquad I_{Oy} = \iint_S x^2 ds \tag{5.8}$$

Le moment quadratique a pour dimension la quatrième puissance d'une longueur. Il s'exprime en mm^4, cm^4 ou m^4. Un moment quadratique est toujours positif.

5.3. Moment polaire d'une section plane

Le moment (quadratique) polaire d'une section plane(S) par rapport au point O est donné par :

$$I_O = \iint_S \rho^2 dS \tag{5.9}$$

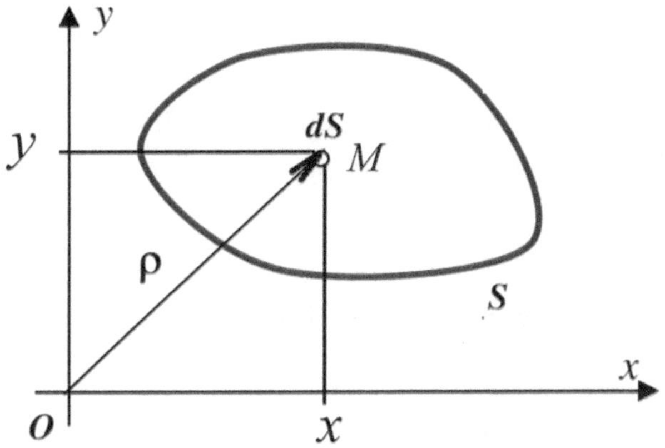

Figure 5.5. Moment polaire d'une section par rapport au point O.

Avec : $\rho^2 = x^2 + y^2$

$$I_O = \iint_S \rho^2 dS = \iint_S (x^2 + y^2) dS = \iint_S x^2 dS + \iint_S y^2 dS$$

$$I_O = I_{Ox} + I_{Oy} \tag{5.10}$$

5.4. Rayon de giration

Le rayon de giration, noté « k » est une caractéristique géométrique d'une surface plane qui représente la distance moyenne quadratique des points d'une section plane par rapport à un axe donné.

Il est donné par la relation suivante :

$$k = \sqrt{\frac{I}{S}} \tag{5.11}$$

où :

k est le rayon de giration par rapport à l'axe considéré.

I est le moment d'inertie de la section par rapport à cet axe.

S est l'aire de la section.

En d'autres termes, le rayon de giration représente la distance à laquelle toute la masse de la section pourrait être concentrée pour avoir le même moment d'inertie par rapport à l'axe considéré.

Le rayon de giration est utilisé dans le calcul des contraintes et des déformations dans les structures soumises à la flexion et à la torsion. Il permet également d'évaluer la résistance au flambage des éléments structurels.

Application :

Soit une section rectangulaire(S) de largeur b et de hauteur h (voir Figure 5.6).

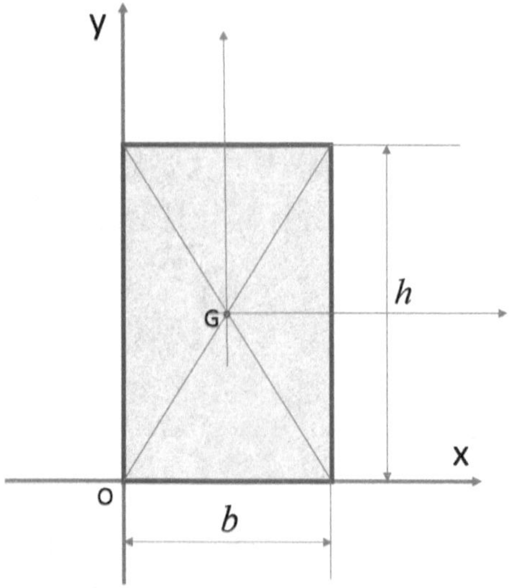

Figure 5.6. La section rectangulaire (S) de largeur b et de hauteur h.

Calculer le moment statique et le moment quadratique de cette section par rapport aux deux axes suivants :

- L'axe Ox passant par le côté inférieur de la section rectangulaire.

• L'axe Gx passant par le centre de gravité de la section rectangulaire.

• Peut-on déduire le moment statique et le moment quadratique de cette section par rapport aux axes Oy et Gy ainsi que le moment quadratique polaire au G ?

Solution :

Calcul de M_{Ox} et I_{Ox}

Le moment statique par définition (voir Équation (5.3)) :

$$M_{Ox} = \iint_S y dS = \int_0^b \int_0^h y dx dy = \int_0^b dx \int_0^h y dy = [x]_0^b \times \left[\frac{y^2}{2} \right]_0^h$$

$$M_{Ox} = \frac{bh^2}{2}$$

De même $M_{Oy} = \iint_S x dS = \int_0^b x dx \int_0^h dy$

$$M_{Oy} = \frac{hb^2}{2}$$

Nous retrouvons les moments statiques suivant les axes Ox et Oy en utilisant les coordonnées du centre de gravité de la surface rectangulaire dans le repère $(O, \vec{x}, \vec{y})$: $x_G = \frac{b}{2}$; $y_G = \frac{h}{2}$

$$M_{Ox} = S.y_G \text{ et } M_{Oy} = S.x_G$$

$$M_{Ox} = bh\frac{h}{2} = \frac{bh^2}{2} \text{ et } M_{Oy} = bh\frac{b}{2} = \frac{hb^2}{2}$$

Le moment quadratique par définition (voir Équation (5.8)) :

$$I_{Ox} = \iint_S y^2 dS = \int_0^b \int_0^h y^2 dx dy = \int_0^b dx \int_0^h y^2 dy = [x]_0^b \times \left[\frac{y^3}{3} \right]_0^h$$

$$I_{Ox}=\frac{bh^3}{3}$$

De même pour le moment quadratique suivant l'axe Oy

$$I_{Oy}=\frac{hb^3}{3}$$

Calcul des moments statiques et des quadratiques suivants les axes Gx et Gy :

Par définition :

$$M_{Gx}=\iint_S ydxdy=\int_{-\frac{b}{2}}^{\frac{b}{2}}dx\int_{-\frac{h}{2}}^{\frac{h}{2}}ydy=[x]_{-\frac{b}{2}}^{\frac{b}{2}}\times\left[\frac{y^2}{2}\right]_{-\frac{h}{2}}^{\frac{h}{2}}$$

$$b\times\frac{1}{2}\left[\frac{h^2}{4}-\frac{h^2}{4}\right]=0$$

$$M_{Gy}=\iint_S xdxdy=\int_{-\frac{b}{2}}^{\frac{b}{2}}xdx\int_{-\frac{h}{2}}^{\frac{h}{2}}dy=[y]_{-\frac{h}{2}}^{\frac{h}{2}}\times\left[\frac{x^2}{2}\right]_{-\frac{b}{2}}^{\frac{b}{2}}=0$$

Conclusion :

Les moments statiques par rapport aux axes passant par le centre de gravité G de surface sont nuls.

$$I_{Gx}=\iint_S y^2dS$$

$$=\iint_S y^2dxdy=\int_{-\frac{b}{2}}^{\frac{b}{2}}dx\int_{-\frac{h}{2}}^{\frac{h}{2}}y^2dy=[x]_{-\frac{b}{2}}^{\frac{b}{2}}\times\left[\frac{y^3}{3}\right]_{-\frac{h}{2}}^{\frac{h}{2}}=b\times\left[\frac{h^3}{24}+\frac{h^3}{24}\right]$$

$I_{Gx}=\frac{bh^3}{12}$ et de même pour $I_{Gy}=\frac{hb^3}{12}$

$$I_G=\iint_S (x^2+y^2)dS=I_{Gx}+I_{Gy}$$

$$I_G=\frac{bh^3}{12}+\frac{hb^3}{12}=\frac{bh}{12}\left(b^2+h^2\right)$$

5.5. Produit d'inertie

On appelle moment d'inertie produit I_{XY} est l'intégrale double des produits des moments élémentaires de chaque élément de surface (aire élémentaire) par leurs distances projetées sur les axes de coordonnées z et y.

$$I_{XY} = \iint_S xy\ ds \tag{5.12}$$

Contrairement aux moments quadratiques et polaires, qui sont toujours positifs, le produit d'inertie peut prendre des valeurs positives, négatives ou nulles. Cela dépend de la répartition de la masse et de l'orientation des axes.

Les *axes principaux d'inertie* sont deux axes orthogonaux particuliers définis en chaque point d'une aire plane. Ils possèdent la propriété unique que le produit d'inertie par rapport à ces axes est strictement nul $I_{XY} = 0$. Si un axe coïncide avec un axe de symétrie de la section, le produit d'inertie par rapport à cet axe est nul. Par conséquent, cet axe est une direction principale d'inertie, et l'autre direction principale est nécessairement orthogonale à cet axe.

5.6. Transformation des moments d'inertie

La valeur des moments d'inertie d'une section dépend de l'orientation des axes par rapport auxquels ils sont calculés. Deux types de transformations d'axes seront étudiés : la translation et la rotation. La variation des moments d'inertie par rapport à un système d'axes quelconque peut être déterminée en combinant ces deux transformations, en partant d'un système d'axe central.

5.6.1. Axes parallèles

Les moments d'inertie I_X et I_Y par rapport à des axes X et Y parallèles aux axes centraux x et y, dont les moments sont supposés connus, sont donnés par les formules suivantes :

Les moments quadratiques selon les axes x et y :

$$I_y = \iint_s x^2 ds \qquad (5.13)$$

$$I_x = \iint_s y^2 ds \qquad (5.14)$$

$$I_{xy} = \iint_s xy^2 ds \qquad (5.15)$$

$$I_Y = \iint_s X^2 ds \qquad (5.16)$$

$$I_X = \iint_s X^2 ds \qquad (5.17)$$

$$I_{XY} = \iint_s XYds \qquad (5.18)$$

D'après la figure 5.7, on a :

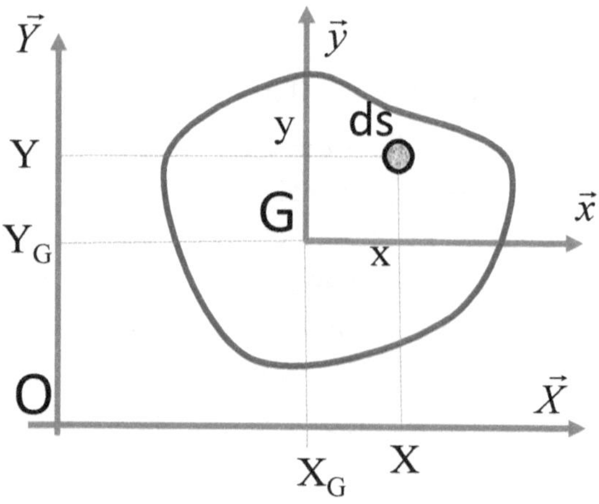

Figure 5.7. Moments d'Inertie par rapport aux axes parallèles.

$$X = X_G + x \qquad (5.19)$$

et

$$Y = Y_G + y \tag{5.20}$$

D'où

$$I_Y = \iint_s (x + X_G)^2 \, ds \tag{5.21}$$

$$I_X = \iint_s (y + Y_G)^2 \, ds \tag{5.22}$$

$$I_Y = \iint_s x^2 ds + 2X_G \iint_s xds + X_G^2 \iint_s ds \tag{5.23}$$

$2X_G \iint_s xds = 0$ car les moments statiques de la section par rapport aux axes centraux (passant par le centre de gravité de la surface) sont nuls.

et

$\iint_s x^2 ds = I_y$ et $X_G^2 \iint_s ds = X_G^2 \, S$

D'où

$$I_Y = I_y + X_G^2 \, S \tag{5.24}$$

De même :

$$I_X = I_x + Y_G^2 \, S \tag{5.25}$$

et

$$I_{XY} = I_{xy} + X_G Y_G \, S \tag{5.26}$$

5.6.2. Théorème d'Huygens

Le théorème d'Huygens, aussi appelé théorème des axes parallèles, énonce que le moment d'inertie d'un corps rigide par rapport à un axe donné est égal au moment d'inertie du corps par rapport à un axe parallèle passant par le centre de gravité, plus le produit de la masse du corps par le carré de la distance entre les deux axes.

$$I_X = I_{Gx} + S.d^2$$

où :

I_X est le moment d'inertie par rapport à l'axe donné $\vec{X}$

I_{GX} est le moment d'inertie par rapport à l'axe parallèle passant par le centre de gravité

S est l'aire de la surface plane

d est la distance entre les deux axes ($\vec{X}$ et $\overrightarrow{Gx}$)

Christiaan Huygens (14 avril 1629 - 8 juillet 1695) était un scientifique, astronome et mathématicien néerlandais, considéré comme l'un des plus grands scientifiques du XVIIe siècle. Son travail en mécanique a été particulièrement révolutionnaire. Il a étudié le mouvement du pendule et a découvert la loi qui le régit, contribuant ainsi à la construction d'horloges à pendule. Huygens a également développé des lois pour analyser les collisions entre les corps, posant ainsi les bases de la conservation de la quantité de mouvement et de l'énergie cinétique. Ses travaux sur le mouvement circulaire ont jeté les bases de la mécanique céleste. Ces contributions, en plus de ses découvertes en astronomie, comme les anneaux de Saturne et sa lune Titan, ont contribué à l'essor de la science moderne et ont influencé

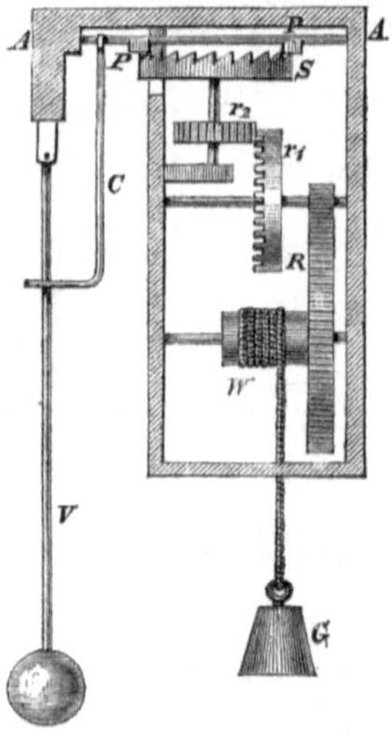

Horloge à Pendule de Huygens

des scientifiques comme Isaac Newton et Gottfried Wilhelm Leibniz.

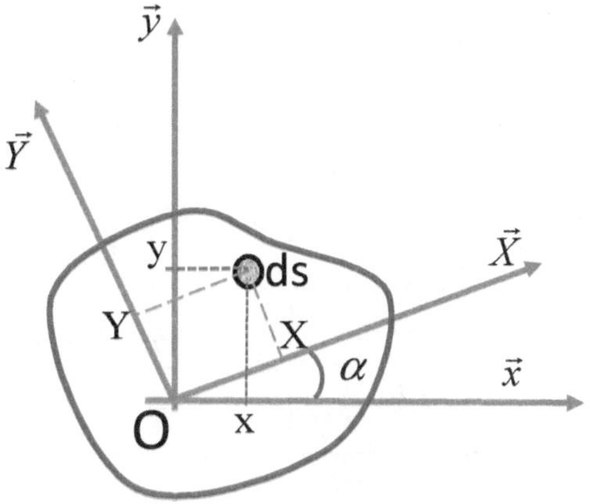

Figure 5.8. Moments d'inertie par rapport aux axes en rotation.

5.6.3. Rotation d'axes

On suppose que les moments et les produits d'inertie sont supposés connus dans le système d'axes $(O, \vec{x}, \vec{y})$. Les moments et produits d'inerties d'inertie par rapport au système d'axes $(O, \vec{X}, \vec{Y})$ sont obtenus par une rotation d'angle α par rapport au système d'axes $(O, \vec{x}, \vec{y})$.

$$I_X = \left(\frac{I_x + I_y}{2}\right) + \left(\frac{I_x - I_y}{2}\right)\cos 2\alpha - I_{xy}\sin 2\alpha \tag{5.27}$$

$$I_Y = \left(\frac{I_x + I_y}{2}\right) - \left(\frac{I_x - I_y}{2}\right)\cos 2\alpha + I_{xy}\sin 2\alpha \tag{5.28}$$

$$I_{XY} = \left(\frac{I_x - I_y}{2}\right)\sin 2\alpha + I_{xy}\cos 2\alpha \tag{5.29}$$

En ajoutant les équations (5.27) et (5.28) terme à terme, on obtient :

$$I_x + I_y = I_X + I_Y \qquad (5.30)$$

Autrement dit, les moments polaires sont identiques dans les deux systèmes d'axes $(O,\vec{x},\vec{y})$ et $(O,\vec{X},\vec{Y})$.

Tableau 5.1. Moments quadratiques usuels

Définition de la section	I_{Gx}	I_{Gy}	I_G
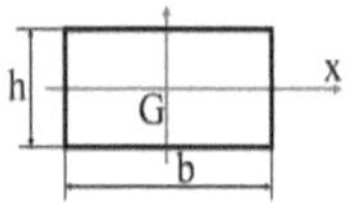	$\frac{bh^3}{12}$	$\frac{hb^3}{12}$	$\frac{bh}{12}(b^2+h^2)$
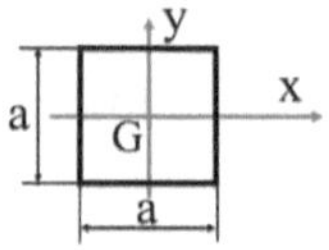	$\frac{a^4}{12}$	$\frac{a^4}{12}$	$\frac{a^4}{6}$
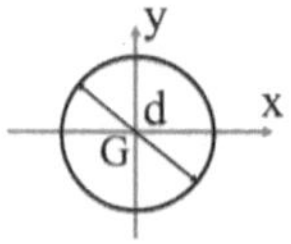	$\frac{\pi d^4}{64}$	$\frac{\pi d^4}{64}$	$\frac{\pi d^4}{32}$
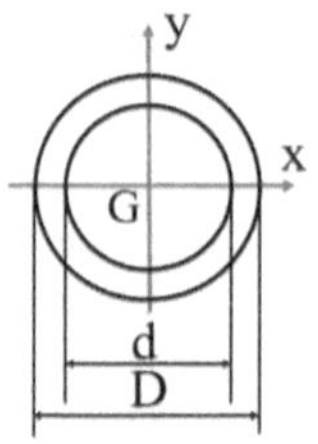	$\frac{\pi}{64}(D^4-d^4)$	$\frac{\pi}{64}(D^4-d^4)$	$\frac{\pi}{32}(D^4-d^4)$

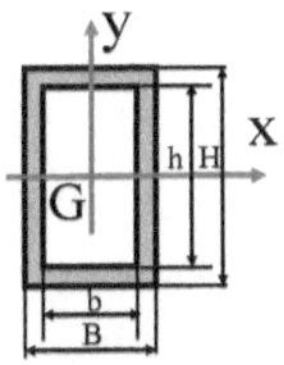	$\dfrac{BH^3 - bh^3}{12}$	$\dfrac{HB^3 - hb^3}{12}$	$I_G = I_{Gx} + I_{Gy}$
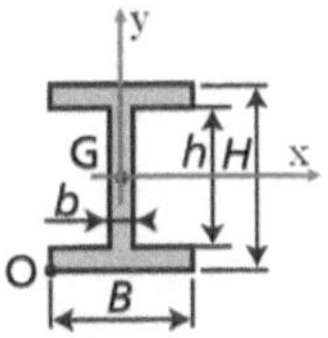	$\dfrac{BH^3 - h^3(B-b)}{12}$	$\dfrac{B^3H - h(B^3 - b^3)}{12}$	$I_G = I_{Gx} + I_{Gy}$
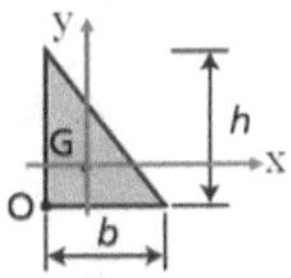	$\dfrac{bh^3}{36}$	$\dfrac{hb^3}{36}$	$\dfrac{bh(h^2 + b^2)}{36}$
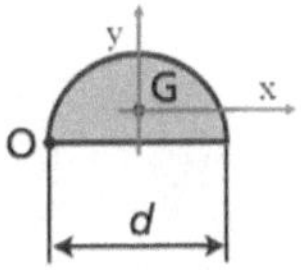	$\dfrac{d^4}{16}\left(\dfrac{\pi}{8} - \dfrac{8}{9\pi}\right)$	$\dfrac{\pi d^4}{128}$	$I_G = I_{Gx} + I_{Gy}$
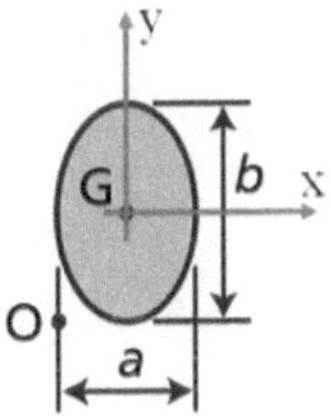	$\dfrac{\pi ab^3}{64}$	$\dfrac{\pi a^3 b}{64}$	$\dfrac{\pi ab}{64}\left(a^2 + b^2\right)$

Énoncés des exercices du chapitre n° 5

Caractéristiques géométriques des sections planes

Exercice n° 1 :

Soit la section plane donnée sur la Figure E5.1. Les dimensions sont données en millimètres.

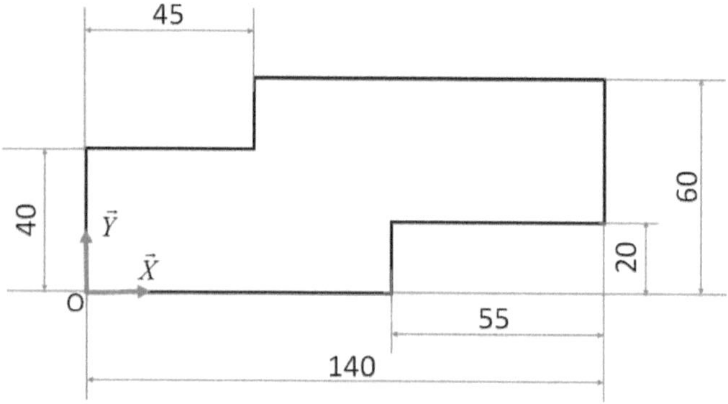

Figure E5.1.

1) Déterminer le moment statique de cette section plane par rapport aux axes $(O,\vec{X})$ et $(O,\vec{Y})$.

2) Déterminer le centre de gravité de cette section plane.

Exercice n° 2 :

Considérons la section plane représentée sur la figure (Figure E5.2.)

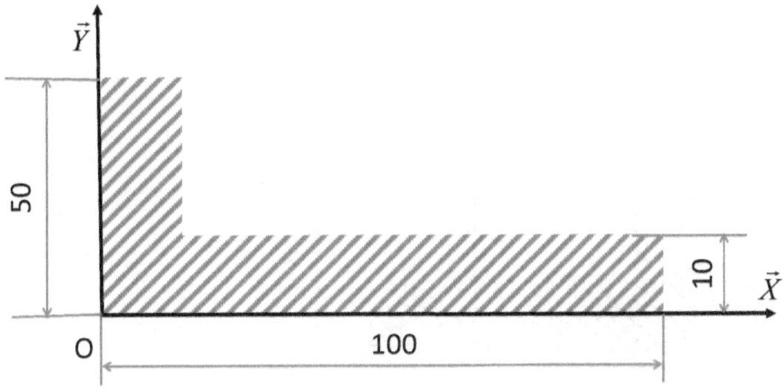

Figure E5.2.

1) Déterminer les moments statiques M_{OX} et M_{OY} de la section plane représentée sur la figure (Figure E5.2.).

2) Déduire les coordonnées X_G et Y_G du centre de gravité de cette section.

Notons que les dimensions de la section plane sont données en millimètre.

Exercice n° 3 :

Soit la section plane de forme « H » représentée sur la figure (Figure E5.3).

1) Calculer les moments d'inertie par rapport aux axes $(G,\vec{X})$ et $(G,\vec{Y})$, où G est le centre de gravité de cette section.

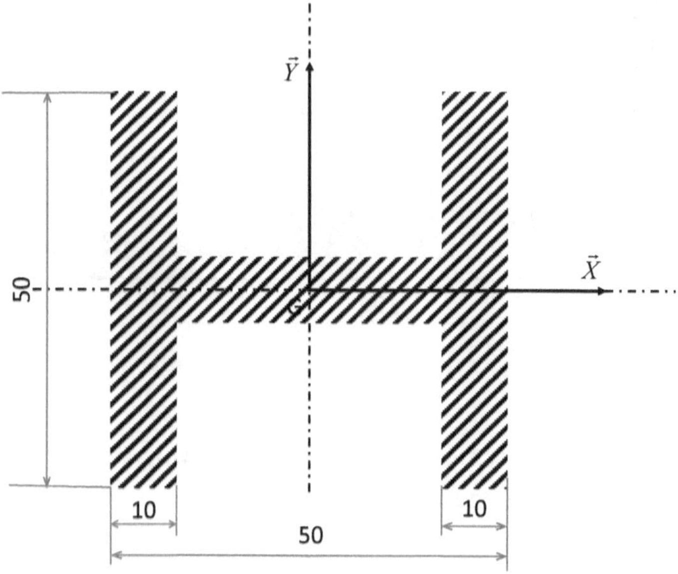

Figure E5.3.

Chapitre 6
Torsion simple

6.1. Définition

Une poutre est sollicitée à la torsion simple si elle est soumise à deux couples de moments opposés portés par la ligne moyenne d'un solide cylindrique. Dans ce cours, on ne considère que les solides de section circulaire. En effet, les actions mécaniques qui sont appliquées aux extrémités du cylindre peuvent être représentées par deux torseurs couples définis aux points G_1 et G_2.

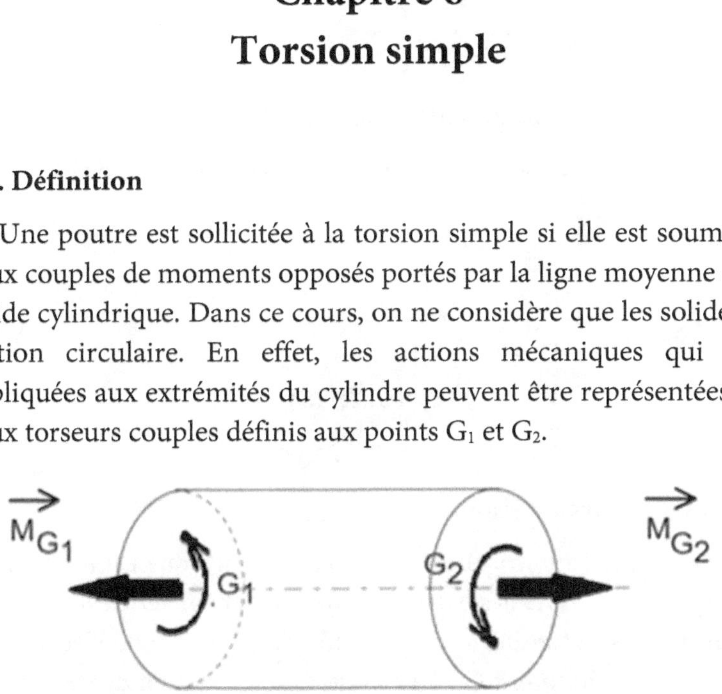

Figure 6.1. Poutre sollicitée à la torsion simple.

6.2. Torseur de cohésion

Le torseur de cohésion en torsion simple est une représentation des forces internes qui se développent à l'intérieur de la poutre et au centre des sections planes en réponse à cette sollicitation (voir Figure 6.2).

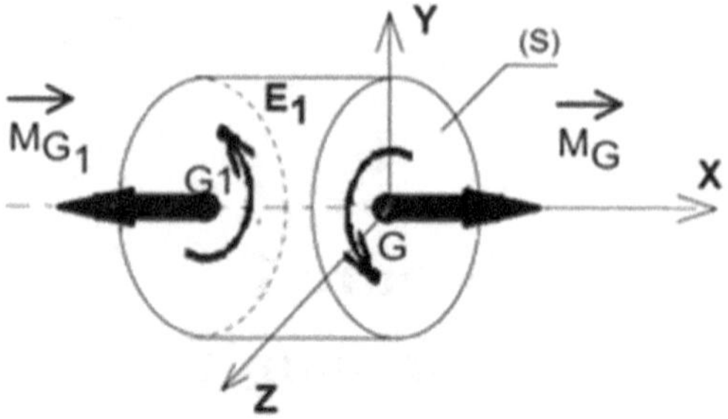

Figure 6.2. Définition du torseur de cohésion.

Ce torseur de cohésion au centre G de la section plane est donné par :

$$\{T_{coh}\}_G = \begin{Bmatrix} 0 & M_t \\ 0 & 0 \\ 0 & 0 \end{Bmatrix}_{(G,\vec{X},\vec{Y},\vec{Z})} \tag{6.1}$$

6.3. Essai de torsion simple

Une poutre (un arbre) ou éprouvette cylindrique est montée sur un dispositif où l'une des extrémités de cette éprouvette est encastrée et sur l'autre extrémité est appliqué un couple modélisé par un torseur couple au point G_1. L'essai de torsion permet de déterminer l'évolution du couple appliqué en fonction de l'angle de rotation d'une section droite de cette poutre.

On observe également que l'angle de torsion de la section (S) est proportionnel à la distance qui la sépare de la section précédente.

Ceci signifie que le rapport $\theta = \frac{\alpha}{x} = \frac{\alpha_1}{L}$ est constant. Ce rapport désigne l'angle de torsion unitaire (rd/mm).

D'un autre côté, $tg\gamma = \frac{\widehat{MM'}}{x}$ et $\widehat{MM'} = \rho.\alpha$ où γ est l'angle de glissement.

$$tg\gamma = \frac{\rho.\alpha}{x} = \rho.\theta \cong \gamma \text{ d'où } \gamma = \rho.\theta$$

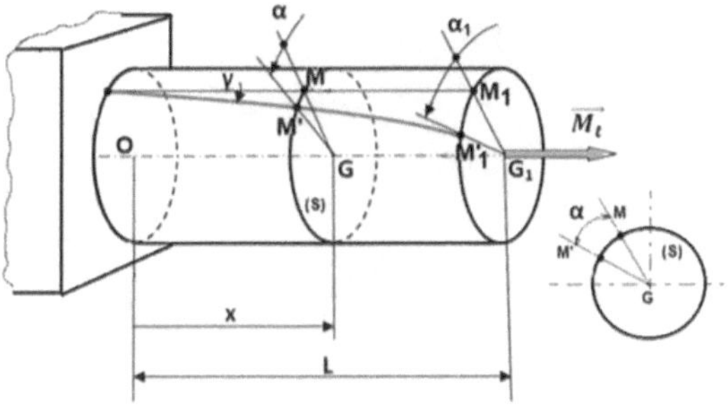

Figure 6.3. Schématisation de l'essai de torsion.

L'allure de la courbe de torsion est similaire aux courbes que nous avons vues précédemment, ceci exprime le comportement du matériau visa à vis-à-vis les essais mécaniques. Cette courbe est caractérisée par une branche linéaire représentant le domaine de la déformation élastique, où le moment de torsion MG_1 est proportionnel à l'angle de rotation ou de torsion.

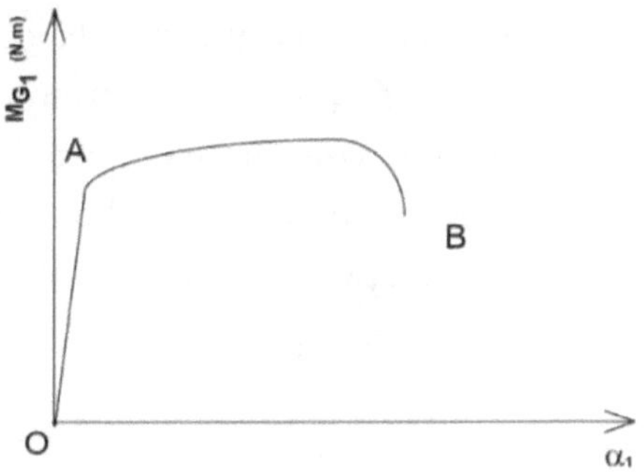

Figure 6.4. Courbe de l'essai de torsion.

6.4. Détermination des contraintes en torsion

Le moment de torsion et la contrainte tangentielle sont liés par la définition suivante :

$$M_t = \iint_S \rho.\tau.ds \tag{6.2}$$

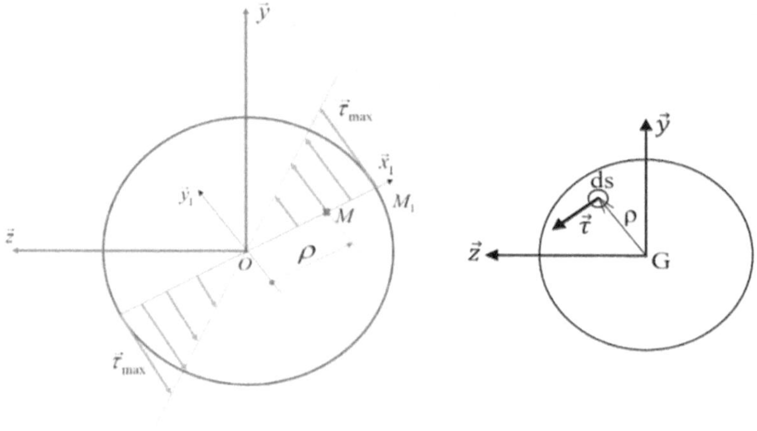

Figure 6.5. Répartition des contraintes de cisaillement dans la section circulaire sollicitée en torsion simple.

La loi de Hooke pour les contraintes tangentielles donne :

$\tau = G.\gamma$ et $\gamma = \rho.\theta$ donc on aura :

$$\tau = G.\rho.\theta \tag{6.3}$$

D'après cette relation, on remarque que la contrainte évolue linéairement avec la distance ρ qui définit la distance entre un point sur le rayon du cylindre. Cette contrainte tangentielle de torsion est maximale quand $\rho = R$ (le rayon du cylindre) et cette contrainte est nulle au centre du cylindre. En plus, le vecteur contrainte tangentielle $\vec{\tau}_M$ est perpendiculaire au vecteur position $\overrightarrow{OM}$.

6.5. Relation entre contrainte et moment de torsion

En un point M de la section, le vecteur contrainte $\vec{T}(M,n)=\tau.\vec{t}=G.\rho.\theta\vec{t}$.

Le moment de torsion est suivant l'axe $(O,\vec{x})$, d'où $\overrightarrow{M_t}=M_t.\vec{x}$.

D'un autre côté :

$$\overrightarrow{M_t}=\iint_S \overrightarrow{GM}\wedge\vec{T}(M,\vec{x})dS=\iint \rho.\vec{u}_\rho \wedge G.\theta.\rho.\vec{t}dS=\iint_S G.\theta.\rho^2 dS.\vec{x} \quad (6.4)$$

$M_t=G.\theta.\iint_S \rho^2 dS$; on pose $I_0=\iint_S \rho^2 dS$ où I_o est appelé le moment quadratique polaire de la section (S) au centre de la section O.

$$M_t=G.\theta.I_o \quad (6.5)$$

On peut démontrer, pour les sections cylindriques suivantes, que le moment quadratique polaire au point O s'exprime par les relations suivantes.

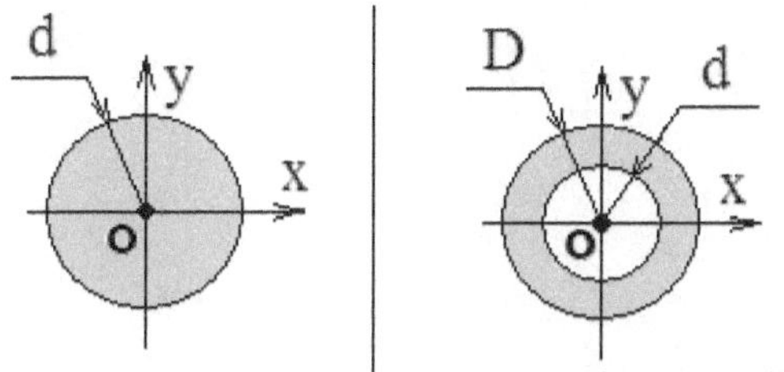

$$I_0=\frac{\pi\cdot d^4}{32} \qquad I_0=\frac{\pi\cdot\left(D^4-d^4\right)}{32}$$

Figure 6.6. Définition des moments quartiques polaires pour les sections circulaires.

On peut également déduire à partir de ces expressions, une grandeur caractéristique de la géométrique de la section appelée module de torsion, défini par l'expression suivante :

$$V=\frac{I_o}{R}=\frac{2I_o}{D} \quad (6.6)$$

En effet, pour la section cylindrique pleine de diamètre d :

$$V = \frac{I_o}{R} = \frac{2I_o}{d} = \frac{\pi d^3}{16} \tag{6.7}$$

Pour la section cylindrique creuse, de diamètre extérieur D et de diamètre intérieur d, le module de torsion est :

$$V = \frac{\pi(D^3 - d^3)}{16} \tag{6.8}$$

Considérons les deux dernières relations : $\tau = G.\rho.\theta$ et $M_t = G.\theta.I_o$, on peut déduire une relation qui relie le moment de torsion avec la contrainte tangentielle de torsion.

$$\tau = \frac{M_t}{I_o}\rho \tag{6.9}$$

Où

$$\tau_{\max} = \frac{M_t}{I_o}R \tag{6.10}$$

également

$$\tau_{\max} = \frac{M_t}{\left(\frac{I_o}{R}\right)} = \frac{M_t}{V} \tag{6.11}$$

6.6. Condition de résistance à la torsion

Pour qu'une poutre ou un arbre résiste en toute sécurité à la torsion, il faut que la contrainte tangentielle maximale de torsion reste inférieure à une contrainte pratique τ_{pg} où $\tau_{pg} = \frac{\tau_e}{s}$.

Avec : τ_e est la contrainte élastique en cisaillement (MPa).

s est un coefficient de sécurité.

$$\tau_m = \frac{M_t}{I_o}R \leq \tau_{pg} \tag{6.12}$$

6.7. Condition de rigidité

Le dimensionnement des arbres de transmission se fait dans la plupart des cas par la donnée d'une condition de déformation, plutôt qu'une condition de résistance. Alors, pour assurer une transmission rigide en évitant tout genre de vibration, l'angle de torsion unitaire θ ne doit pas dépasser une valeur limite $\theta_{\lim}$ donnée préalablement. D'où la condition de rigidité d'un arbre de torsion s'écrit :

$$\theta_{\max} \leq \theta_{\lim} \tag{6.13}$$

Où

$$\frac{Mt}{G.I_o} \leq \theta_{\lim} \tag{6.14}$$

6.8. Concentration de contraintes

En tenant compte de l'effet des changements brusques dans les sections des arbres de torsion, c'est-à-dire l'effet des concentrations de contraintes, il faut introduire le coefficient de concentration de contrainte dans la condition de résistance :

$$\tau_{\max} = K.\tau \leq \tau_{pg} \tag{6.15}$$

Où

$$\tau_{pg} = \frac{\tau_e}{s} \tag{6.16}$$

Coefficients de concentration de contraintes K*

Arbre avec épaulement

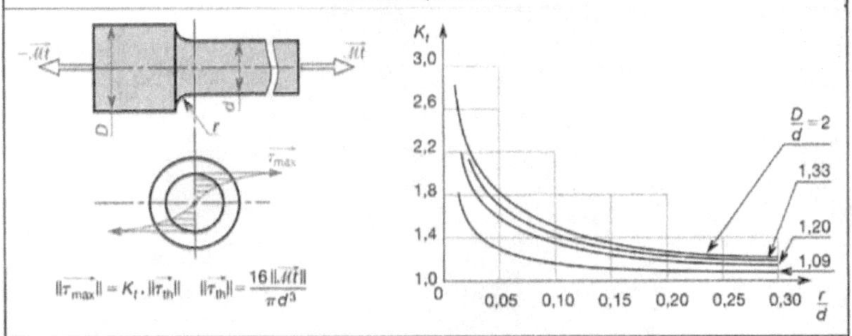

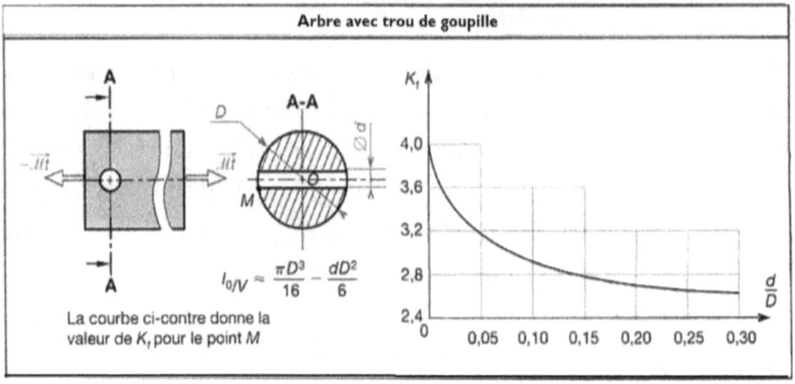

Figure 6.7. Détermination des coefficients de concentration de contraintes K_t.

Énoncés des exercices du chapitre n° 6

Torsion simple

Exercice n° 1 :

On considère un arbre de forme cylindrique de diamètre d = 30 mm entre deux sections droites A et B (voir Figure E6.1).

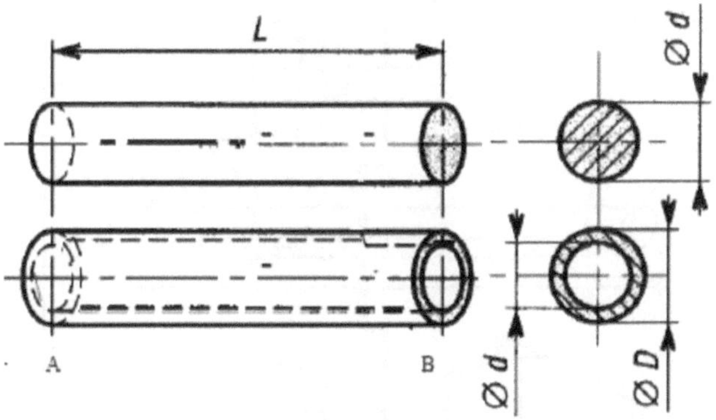

Figure E6.1.

Le moment de torsion entre ces deux sections est $M_t = 50$ N.m. Cet arbre est en acier pour lequel le module d'élasticité de cisaillement est G = 80 GPa.

1) Calculer l'angle unitaire de torsion en °/m.

2) Calculer la contrainte tangentielle maximale.

3) Pour alléger l'arbre, on remplace cet arbre plein par un arbre creux.

Le rapport des diamètres est $\lambda = \frac{d}{D} = 0,9$.

En conservant la même contrainte tangentielle,

4) Calculer le gain de masse qu'apporte cette modification.

5) Calculer l'angle unitaire de torsion de l'arbre creux en °/m et conclure.

Exercice n° 2 :

Un accouplement rigide plateau est représenté sur la Figure E6.2. assure la transmission de puissance entre un arbre moteur ① et un arbre récepteur ② qui sont coaxiaux.

La liaison entre les deux plateaux s'effectue par des boulons (vis et écrou) pour serrer le plateau ③ contre le plateau ④.

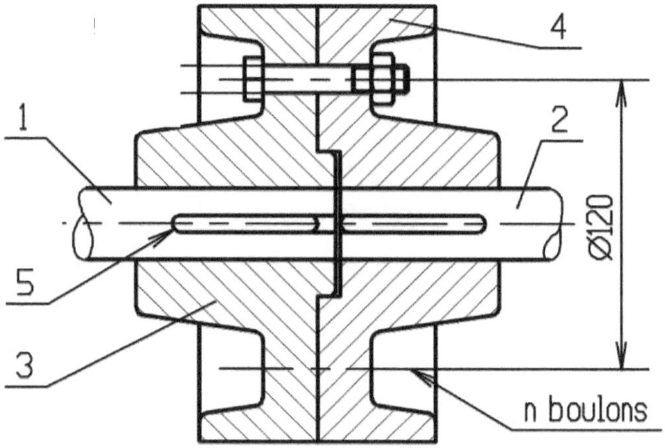

Figure E6.2.

L'arbre moteur ① est de section circulaire de diamètre D. Il transmet par cet accouplement un moment M = 480 Nm. Cet arbre est en acier de limite élastique à la traction R_e = 496 MPa et de module élastique de cisaillement est G = 80 GPa. On adopte un coefficient de sécurité s = 4,7.

1) Calculer le diamètre minimal D de l'arbre moteur.

2) Calculer la contrainte maximale.

3) Déterminer l'angle de la déformation α° en degrés d'un arbre de longueur L = 300 mm.

Pour alléger la structure, on remplace l'arbre plein par un arbre creux de diamètre extérieur D_{ext} = 60 mm et d'épaisseur $e = 5\text{mm}$. Sachant que cet arbre creux est sollicité avec la même contrainte tangentielle que supporte l'arbre plein.

4) Déterminer l'angle de déformation $\beta°$ en degrés de l'arbre de longueur L = 300 mm. Comparer les angles $\alpha°$ et $\beta°$ et conclure.

5) Calculer le rapport des masses et le gain en masse qu'apporte cette modification.

Exercice n° 3 :

Un arbre cylindrique de transmission de mouvement de rotation (1), de diamètre *D*, transmet à un autre arbre (2) un couple de moment M = 100 Nm. Cet arbre (1) est en acier pour lequel la limite élastique en cisaillement est τ_e = 100 MPa et le module élastique de cisaillement est *G* = 80 GPa. Une rainure de clavette provoque une concentration de contrainte de valeur k = 4. On adopte un coefficient de sécurité s = 3.

1) Déterminer le diamètre minimal $d_{\min}$ de cet arbre plein.

Pour alléger la construction, on se propose de remplacer cet arbre plein par un arbre creux de diamètre intérieur $d_{\text{int}} = 0{,}5\ D_{ext}$.

2) Déterminer les diamètres d_{int} et D_{ext} de l'arbre creux pour qu'il résiste à la torsion.

3) Calculer le pourcentage en gain de masse.

On exige que l'arbre plein (*d*) et l'arbre creux (d_{int} et D_{ext}) vérifient la condition de rigidité afin de minimiser les déformations.

4) Déterminer dans ce cas, les diamètres *d*, d_{int} et D_{ext} pour un angle de torsion limite égal à $\theta_{\lim} = 5°/\text{m}$ et conclure.

Exercice n° 4 :

Un arbre cannelé transmet un couple de M = 60 Nm. Cet arbre en acier trempé et revenu pour lequel la limite élastique en cisaillement est $\tau_e = 1\,000$ MPa et le module élastique en cisaillement est $G = 80$ GPa.

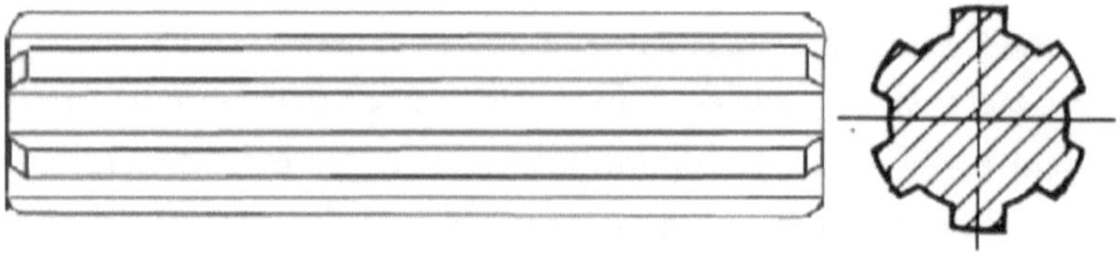

Figure E6.4.

Les rainures de cannelure provoquent une concentration de contrainte $k = 1{,}6$.

On adopte au dimensionnement de cet arbre cannelé le coefficient de sécurité $s = 2{,}5$.

1) Déterminer le diamètre d de cet arbre cannelé supposé plein.

2) La longueur de cet arbre est L = 150 mm. Déterminer l'angle déformation de cet arbre $\alpha°$ en degrés.

3) Déterminer dans le cas d'un arbre ceux, le diamètre extérieur D_{ext}.

4) La longueur de cet arbre est L = 150 mm. Déterminer l'angle déformation de cet arbre $\beta°$ en degrés.

5) Déterminer le pourcentage du gain massique suite à l'adoption d'un arbre cannelé creux.

Chapitre 7
Flexion simple

7.1. Définition

Une poutre est considérée comme sollicitée en flexion simple lorsque le torseur de cohésion en un point G, qui est le barycentre d'une section droite, peut être représenté de la manière suivante :

$$\{\tau_{coh}\}_G = \begin{Bmatrix} 0 & 0 \\ T_y & 0 \\ 0 & M_{fz} \end{Bmatrix}_G \tag{7.1}$$

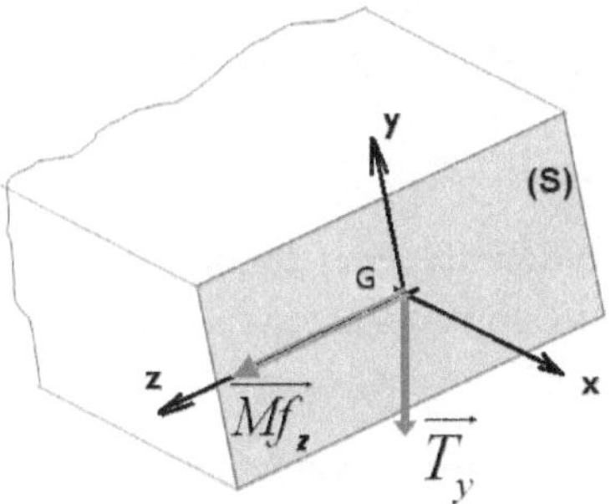

Figure 7.1. Définition du torseur de cohésion pour une poutre sollicitée à la flexion simple.

Par conséquent, sous l'effet des actions mécaniques extérieures qui sont appliquées à la poutre, la courbure de celle-ci peut varier.

Les forces extérieures peuvent se présenter sous forme de forces à distance, telles que des charges uniformément réparties ou des charges concentrées, ainsi que des forces de liaison provenant des appuis ou des articulations de la structure, comme il est illustré dans la Figure 7.2.

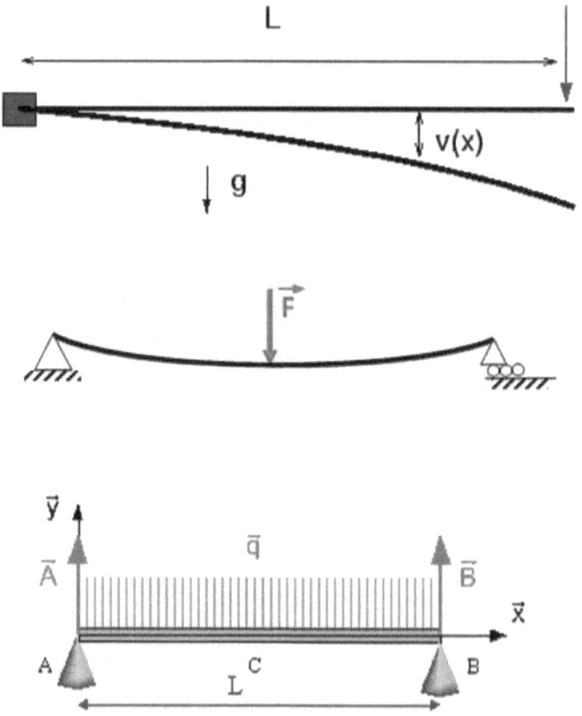

Figure 7.2. Représentation des types de chargement appliqués aux poutres sollicitées en flexion : des charges réparties ou ponctuelles et les forces de liaisons provenant des appuis ou articulations.

Comme le montre le torseur de cohésion (équation (7.1)), on voit que des efforts tranchants (T_y) et un moment de flexion (M_{fz}) sont appliqués au centre des sections droites de la poutre.

Dans le prolongement des hypothèses énoncées dans le premier chapitre de la résistance des matériaux, notamment celle de Navier-Bernoulli de 1705, qui affirme que lors de la déformation en flexion, les sections droites restent planes et perpendiculaires à la ligne moyenne de la poutre, une autre hypothèse fondamentale s'ajoute. Il s'agit de l'hypothèse de l'existence d'un plan de symétrie (cf. Figure 7.3). Selon laquelle, les forces fléchissantes agissent dans ce plan, perpendiculairement à la ligne moyenne de la poutre.

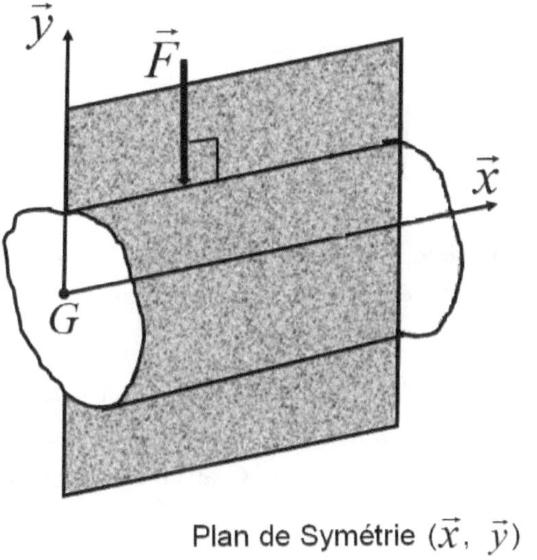

Figure 7.3. Définition du plan de symétrie d'une poutre.

7.2. Relation entre effort tranchant et moment fléchissant

Soit un petit tronçon d'une poutre soumise à la flexion. Cet élément est compris entre les abscisses x et $x+dx$. On suppose que les efforts extérieurs s'exerçant sur ce tronçon sont une charge linéique uniforme sur toute la longueur dx (cf. Figure 7.4).

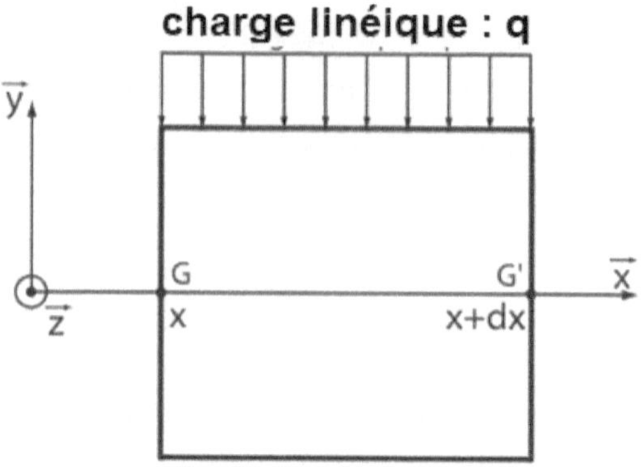

Figure 7.4. Un tronçon élémentaire d'une poutre (sa longueur est suffisamment petite ou infinitésimale) supportant une charge linéique.

L'adoption de cette hypothèse permet de simplifier la démonstration et reste générale. On suppose que les torseurs de cohésion qui s'exercent aux points *G* et *G'* s'écrivent de la manière suivante :

Au point G :

$$\{\tau_{coh}\}_G = \begin{Bmatrix} -T_y\vec{y} \\ -Mf_z\vec{z} \end{Bmatrix}_G \tag{7.2}$$

Au point G' :

$$\{\tau_{coh}\}_G = \begin{Bmatrix} (T_y + dT_y)\vec{y} \\ (Mf_z + dMf_z)\vec{z} \end{Bmatrix}_G \tag{7.3}$$

La charge linéique : $-q.\vec{y}$

En appliquant le PFS au tronçon de la poutre, l'équation qui en résulte par la projection sur l'axe $\vec{y}$ s'écrit :

$$-T_y + T_y + dT_y - q.dx = 0 \tag{7.4}$$

L'équation de moment au point G', projetée sur l'axe $\vec{z}$ s'écrit :

$$-Mf_z + Mf_z + dMf_z + T_y dx + \frac{1}{2}qdx^2 = 0 \tag{7.5}$$

En négligeant les termes du second ordre dans l'équation de moment, on en déduit :

$$T_y = -\frac{dMf_z}{dx} \tag{7.6}$$

Cette relation est très utile pour vérifier la cohérence du torseur des efforts intérieurs calculés. En plus, on en déduit qu'en flexion pure, puisque $T_y = 0$, on a nécessairement Mf_z constant (indépendant de l'abscisse x).

7.3. Étude de la déformation

Soit un tronçon d'une poutre(E) sollicitée en flexion. On considère un tronçon de cette poutre représenté sur la Figure 7.5.

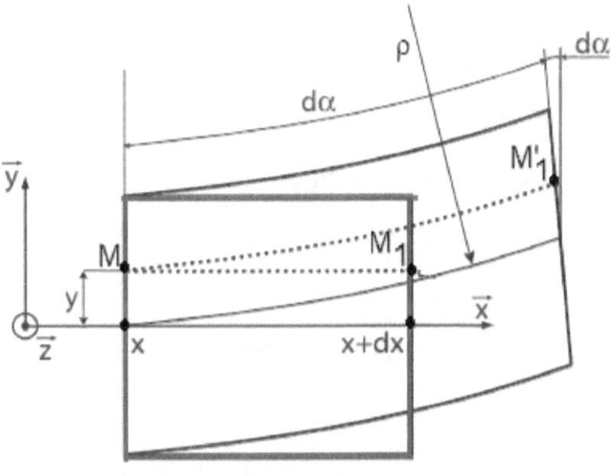

Figure 7.5. Définition d'un tronçon de poutre suffisamment petit pour calculer les déformations dans une section.

Le problème consiste de déterminer la longueur d'une fibre MM_1, définie par son ordonnée y par rapport à la ligne moyenne ou à la fibre neutre. Après déformation, cette fibre subit une transformation en MM'_1. Les fibres soumises à une compression se situent au-dessus de la fibre neutre, tandis que celles en extension se trouvent en dessous. La fibre neutre, aussi appelée fibre moyenne, conserve sa longueur initiale après déformation, d'où son appellation (cf. Figure 7.6).

Les constats précédents amènent à deux conséquences :

• Les fibres qui s'allongent ou se contractent sont donc soumises à des contraintes normales.

• Entre chaque fibre, il y a des variations de longueur, ce qui induit des contraintes tangentielles.

L'allongement subit par la fibre MM_1 , se traduit par une déformation longitudinale :

$$\varepsilon_x = \frac{\overline{MM_1'} - \overline{MM_1}}{\overline{MM_1}}, \text{ avec } \overline{MM_1'} = (\rho - y)d\alpha \quad (7.7)$$

et $\overline{MM_1} = dx$

On déduit que :

$$\varepsilon_x = \frac{(\rho - y)d\alpha - dx}{dx} = (\rho - y)\frac{d\alpha}{dx} - 1 \quad (7.8)$$

La courbure est par définition l'inverse du rayon de la courbure :

$$\frac{1}{\rho} = \frac{d\alpha}{dx} \quad (7.9)$$

Cette courbure est désignée aussi par l'angle de torsion unitaire θ (rd/mm).

Ainsi :

$$\varepsilon_x = 1 - y\frac{d\alpha}{dx} - 1 = -y\frac{d\alpha}{dx} = -\frac{y}{\rho} \quad (7.10)$$

D'après la loi de Hooke, la contrainte normale est déterminée :

$$\sigma_x = E\varepsilon_x = -E\frac{y}{\rho} \quad (7.11)$$

Ou

$$\sigma_x = -E\theta y \quad (7.12)$$

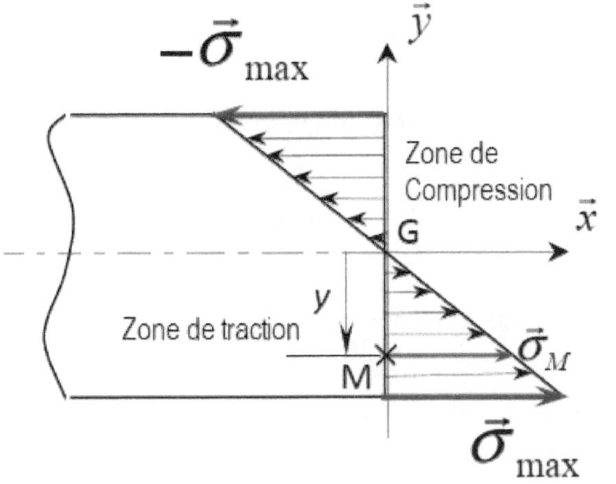

Figure 7.6. Représentation des contraintes normales dans la section d'une poutre sollicitée en flexion.

7.4. Relation entre contrainte normale et moment fléchissant

Pour déterminer la relation entre la contrainte normale et le moment fléchissant, il suffit d'écrire la relation intégrale qui définisse le torseur de cohésion :

$$\{T_{coh}\} = \begin{Bmatrix} T_y\vec{y} \\ Mf_z\vec{z} \end{Bmatrix}_G = \begin{Bmatrix} \iint_S \vec{T}(M,\vec{x})dS \\ \iint_S \overrightarrow{GM} \wedge \vec{T}(M,\vec{x})dS \end{Bmatrix}_G \quad (7.13)$$

et

$$\vec{T}(M,\vec{x}) \bullet \vec{x} = \sigma_x = -E\theta y \quad (7.14)$$

Projetons l'équation du moment sur l'axe $\vec{z}$:

$$Mf_z = \iint_S \overrightarrow{GM} \wedge \sigma\vec{x}dS \bullet \vec{z} \quad (7.15)$$

et

$$\overrightarrow{GM} = y\vec{y} + z\vec{z} \tag{7.16}$$

On en déduit :

$$Mf_z = \iint_S -\sigma y dS = E\theta \iint_S y^2 dS \tag{7.17}$$

Or $\sigma_x = -E\theta y$ ou $E\theta = -\frac{\sigma_x}{y}$ ce qui conduit à :

$$Mf_z = -\frac{\sigma x}{y} \iint_S y^2 dS = -\frac{\sigma_x}{y} I_{GZ} \tag{7.18}$$

Donc :

$$\sigma_x = -\frac{Mfz}{I_{GZ}} y \tag{7.19}$$

Où I_{Gz} est le moment quadratique de la section de la poutre par rapport à l'axe $(G, \vec{z})$.

À partir de cette relation, nous calculons les contraintes normales maximales :

$$\sigma_{\max} = \frac{|Mf_z|_{\max}}{\left(\frac{I_{GZ}}{y_{\max}}\right)} \tag{7.20}$$

Le rapport $V = \left(\frac{I_{Gz}}{y_{\max}}\right)$ est appelé module de flexion. C'est une propriété géométrique qui caractérise la section de la poutre.

Remarque :

Dans la flexion des poutres où par définition les dimensions transversales sont faibles relativement aux dimensions longitudinales, on peut démontrer que dans le cas de la flexion, les contraintes tangentielles sont négligeables devant les contraintes normales. Ainsi, les seules contraintes réellement dimensionnantes sont les contraintes normales.

Sections / Caractéristiques	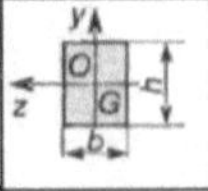	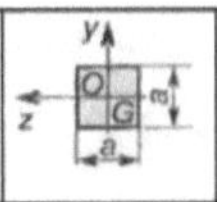	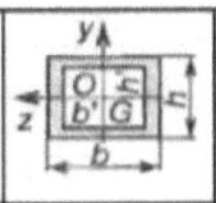	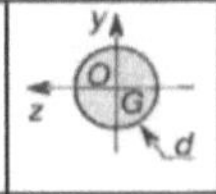	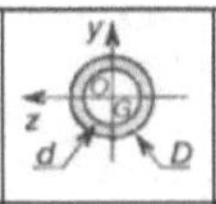	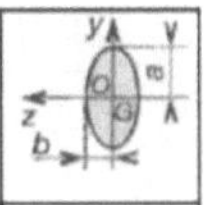
I_{Gy}	$\frac{hb^3}{12}$	$\frac{a^4}{12}$	$\frac{hb^3 - h'b'^3}{12}$	$\frac{\pi d^4}{64}$	$\frac{\pi}{64}(D^4 - d^4)$	$\frac{\pi}{4} ab^3$
I_{Gz}	$\frac{bh^3}{12}$	$\frac{a^4}{12}$	$\frac{bh^3 - b'h'^3}{12}$	$\frac{\pi d^4}{64}$	$\frac{\pi}{64}(D^4 - d^4)$	$\frac{\pi}{4} a^3b$
$I_0 = I_G = I_{Gy} + I_{Gz}$	$\frac{bh}{12}(b^2 + h^2)$	$\frac{a^4}{6}$	$I_{Gy} + I_{Gz}$	$\frac{\pi d^4}{32}$	$\frac{\pi}{32}(D^4 - d^4)$	$\frac{\pi}{4} ab(a^2 + b^2)$
Module de flexion I_{Gy}/z_{max}	$\frac{hb^2}{6}$	$\frac{a^3}{3}$	$\frac{bh^3 - b'h'^3}{6b}$	$\frac{\pi d^3}{16}$	$\frac{\pi}{16D}(D^4 - d^4)$	$\frac{\pi}{4} ab^2$
Module de flexion I_{Gz}/y_{max}	$\frac{bh^2}{6}$	$\frac{a^3}{3}$	$\frac{bh^3 - b'h'^3}{6h}$	$\frac{\pi d^3}{16}$	$\frac{\pi}{16D}(D^4 - d^4)$	$\frac{\pi}{4} a^2b$

Extrait de « Guide du calcul en mécanique / D. Spenlé – R. Gourhant / Hachette Technique»

Figure 7.7. Valeurs de moments quadratiques particuliers et pour les sections présentant une symétrie centrale.

7.5. Condition de résistance à la flexion

Pour garantir en toute sécurité la résistance d'une poutre sollicitée à la flexion simple, il faut que la contrainte normale développée dans la section de la poutre demeure inférieure à la résistance pratique en traction du matériau σ_{pe}.

$$\sigma_{pe} = \frac{\sigma_e}{s} \tag{7.21}$$

Donc, la condition de résistance s'écrit :

$$|\sigma_{\max}| \le \sigma_{pe} \tag{7.22}$$

7.6. Concentration de contraintes

En tenant compte des concentrations des contraintes, le coefficient de concentration de contraintes K est donné dans des abaques (cf. Figure 7.8). Dans ce cas, la condition de résistance à la flexion en tenant compte de concentration de contraintes s'écrit :

$$|\sigma_{\max}| = K.\sigma \le \sigma_{pe} \tag{7.23}$$

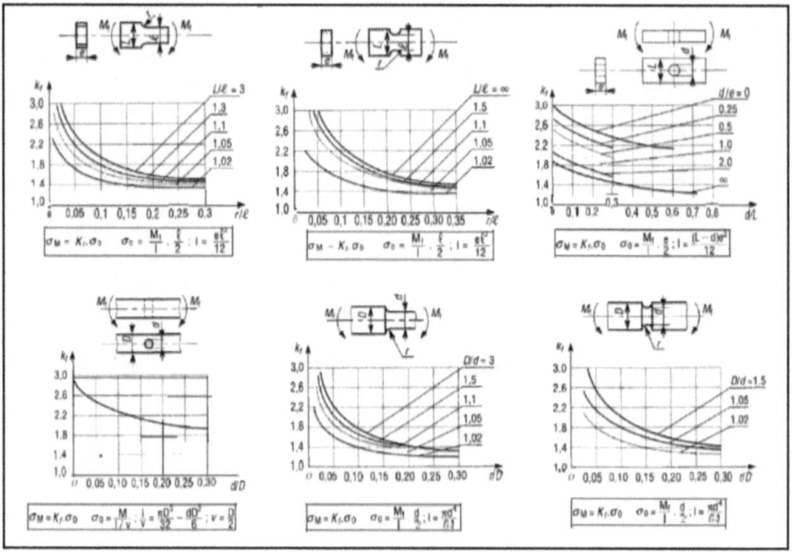

Figure 7.8. Quelques abaques pour déterminer le coefficient de concentration de contraintes pour différents cas.

7.7. Principe de la superposition

Le principe de superposition des sollicitations est un concept fondamental en mécanique des structures qui permet d'évaluer le comportement d'un élément structurel soumis à des charges multiples. En effet, ce principe stipule que les effets induits par chaque sollicitation agissant sur une structure peuvent être additionnés pour déterminer la réponse globale de la structure. Plus précisément, cela signifie que si une structure est soumise à plusieurs types de charges, telles que la traction, la compression, le cisaillement, la torsion ou la flexion, les effets de chaque charge peuvent être analysés séparément. Pour ce faire, on évalue d'abord les contraintes et déformations résultant de chaque type de charge individuellement, comme si les autres charges étaient absentes. Ensuite, on superpose ces effets pour obtenir la réponse totale de la structure.

Ce principe est largement utilisé dans la pratique pour simplifier l'analyse des structures complexes. Il repose sur l'hypothèse que les effets de chaque sollicitation sont linéaires et indépendants les uns des autres, ce qui est souvent valable pour de nombreux matériaux et conditions de chargement courantes (cf. Figure 7.9).

Cependant, il convient de noter que le principe de superposition peut ne pas être applicable dans tous les cas, notamment lorsque des phénomènes non linéaires ou des interactions significatives entre les différentes sollicitations sont présents. Dans de tels cas, des méthodes d'analyse plus avancées doivent être utilisées pour modéliser correctement le comportement de la structure.

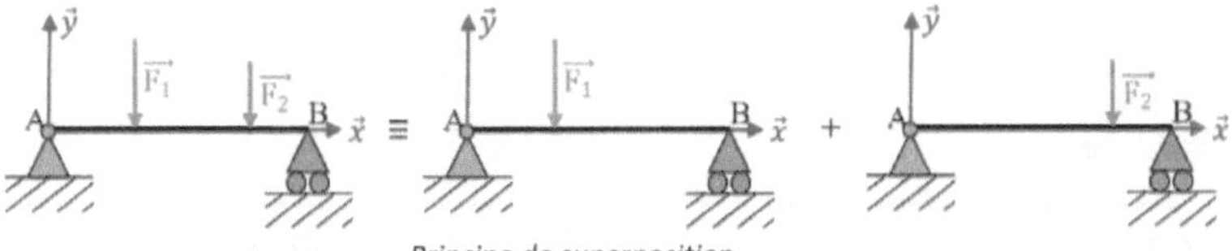

Figure 7.9. Principe de la superposition des sollicitations.

Application :

Énoncé

Soit une poutre est modélisée par sa ligne moyenne et de section rectangulaire de masse supposée négligeable, appuyée sur deux appuis en A et B, soumise à une action mécanique $\vec{F}$ au point C (cf. Figure 7.10).

On demande de :

1) Déterminer les actions de liaisons aux points A et B.

2) Donner le long de la poutre, les diagrammes de l'effort tranchant T_y et du moment fléchissant M_{fz} .

3) Tracer ces diagrammes.

4) Déterminer la contrainte normale maximale $\sigma_{\max}$ et vérifier la condition de résistance.

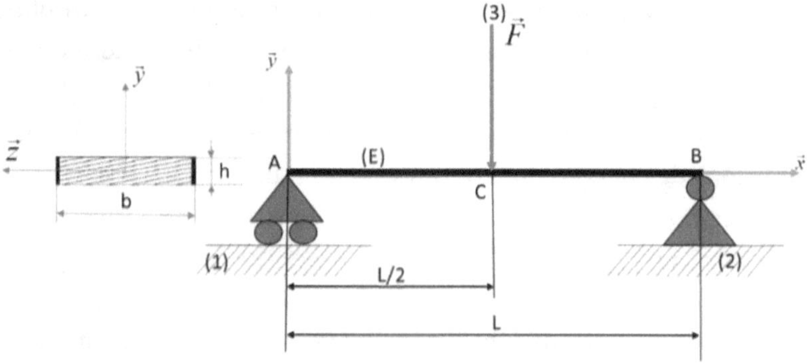

Figure 7.10. Représentation schématique de la poutre et les sollicitations appliquées.

On donne ci-dessous les valeurs numériques des grandeurs nécessaires au calcul.

Grandeur	Symbole	Valeur
L'effort	F	20 N
Longueur de la poutre	L	600 mm
Largeur de la poutre	b	20 mm
Épaisseur de la poutre	h	4 mm
Module d'Young	E	200 000 MPa
Limite élastique	σ_e	340 MPa
Coefficient de sécurité	s	2

Solution

1) Les actions mécaniques de liaison aux appuis A et B :

D'après le principe fondamental de la statique (PFS) appliqué à la poutre :

$$\{T_1 \to E\}_A = \begin{Bmatrix} 0 & 0 \\ F/2 & 0 \\ 0 & 0 \end{Bmatrix} = \begin{Bmatrix} 0 & 0 \\ 10 & 0 \\ 0 & 0 \end{Bmatrix}$$

$$\{T_1 \to E\}_B = \begin{Bmatrix} 0 & 0 \\ F/2 & 0 \\ 0 & 0 \end{Bmatrix} = \begin{Bmatrix} 0 & 0 \\ 10 & 0 \\ 0 & 0 \end{Bmatrix}$$

2) Les diagrammes de l'effort tranchant et du moment de flexion :

Pour 0≤x≤300

$$\{T_{coh}\}_G = -\{T_1 \to E\}_G = \begin{Bmatrix} 0 & 0 \\ -10 & 0 \\ 0 & 10.x \end{Bmatrix}$$

Pour 300≤x≤600

$$\{T_{coh}\}_G = +\{T_2 \to E\}_G = \begin{Bmatrix} 0 & 0 \\ 10 & 0 \\ 0 & 10.(600-x) \end{Bmatrix}$$

3) La condition de résistance

La contrainte normale maximale est : $\sigma_{\max} = \dfrac{|Mfz|}{I_{Gz}} y_{\max}$

Le moment de flexion maximale tracé dans le diagramme est : $|Mfz|$ = 3 000 N.mm

Le moment quadratique de la section de la poutre par rapport à l'axe Gz est : $I_{Gz} = \dfrac{bh^3}{12}$ et $y_{\max} = \dfrac{h}{2}$ = 2 mm.

D'où $\sigma_{\max}$ = 56,25 MPa

D'autre part, la contrainte pratique :

$$\sigma_p = \frac{\sigma_e}{s} = \frac{340}{2} = 170 \text{ MPa}$$

On vérifie que $\sigma_{\max} \le \sigma_p$, alors la condition de résistance est satisfaite.

4) Les actions mécaniques de liaison aux appuis A et B :

D'après le principe fondamental de la statique (PFS) appliqué à la poutre :

$$\{T_1 \rightarrow E\}_A = \begin{Bmatrix} 0 & 0 \\ F/2 & 0 \\ 0 & 0 \end{Bmatrix} = \begin{Bmatrix} 0 & 0 \\ 10 & 0 \\ 0 & 0 \end{Bmatrix}$$

$$\{T_1 \rightarrow E\}_B = \begin{Bmatrix} 0 & 0 \\ F/2 & 0 \\ 0 & 0 \end{Bmatrix} = \begin{Bmatrix} 0 & 0 \\ 10 & 0 \\ 0 & 0 \end{Bmatrix}$$

1) Les diagrammes de l'effort tranchant et du moment de flexion :

Pour 0≤x≤300

$$\{T_{coh}\}_G = -\{T_1 \rightarrow E\}_G = \begin{Bmatrix} 0 & 0 \\ -10 & 0 \\ 0 & 10.x \end{Bmatrix}$$

Pour 300≤x≤600

$$\{T_{coh}\}_G = +\{T_2 \rightarrow E\}_G = \begin{Bmatrix} 0 & 0 \\ 10 & 0 \\ 0 & 10.(600-x) \end{Bmatrix}$$

a)

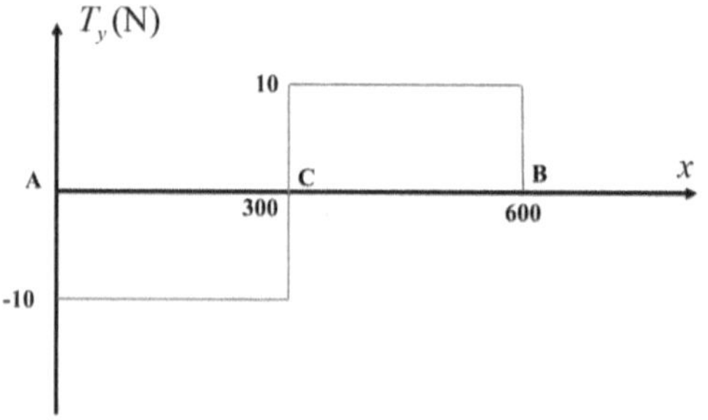

b)

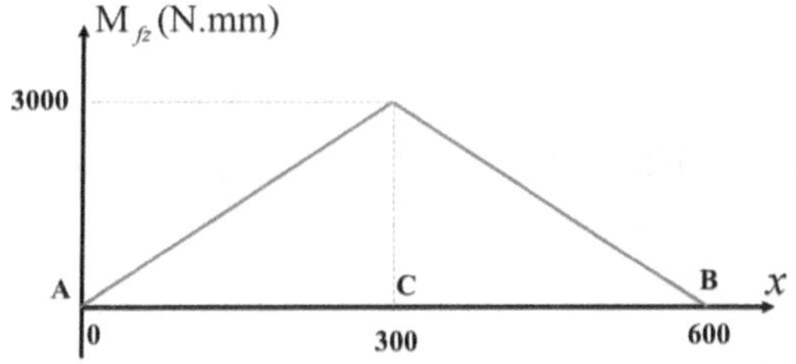

Figure 7.11. Traçage des diagrammes : a) diagramme de l'effort tranchant ; b) diagramme du moment fléchissant.

5) La condition de résistance

La contrainte normale maximale est : $\sigma_{max} = \frac{|Mfz|}{I_{Gz}} y_{max}$.

Le moment de flexion maximale tracé dans le diagramme est :

$|M_{fz}|$ = 3 000 N.mm

Le moment quadratique de la section de la poutre par rapport à l'axe Gz est : $I_{Gz} = \frac{bh^3}{12}$ et $y_{max} = \frac{h}{2}$ = 2 mm.

D'où σ_{max} = 56,25 MPa

D'autre part, la contrainte pratique :

$$\sigma_p = \frac{\sigma_e}{s} = \frac{340}{2} = 170 \text{ MPa}$$

On vérifie que $\sigma_{max} \leq \sigma_p$, alors la condition de résistance est satisfaite.

Énoncés des exercices du chapitre n° 7

Flexion simple

Exercice n° 1 :

Un dispositif de cintrage des tubes est schématisé dans la figure suivante :

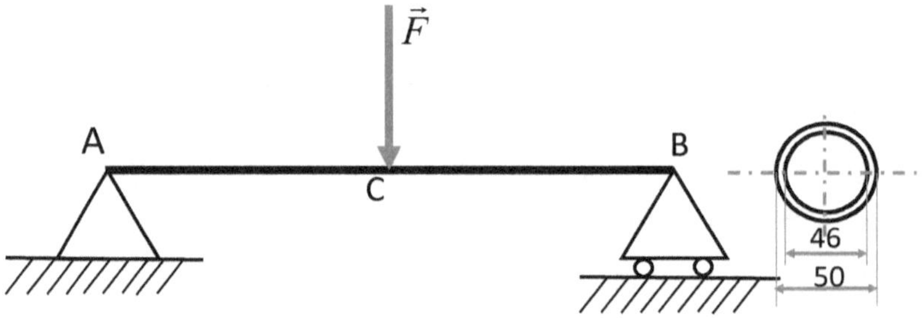

Figure E7.1.

L'effort de cintrage $\vec{F}$ est appliqué au centre du tube de longueur $AB = 600$ mm.

Le tube est de diamètre extérieur $D = 50$ mm et d'épaisseur $e = 2\text{mm}$.

Le tube a pour limite élastique $\sigma_e = 300$ MPa et on choisit un coefficient de sécurité $s = 3$.

1) Calculer l'effort minimal pour assurer le cintrage du tube.

2) Calculer la contrainte normale σ et la contrainte tangentielle τ et les comparer.

Exercice n° 2 :

Une potence sur colonne est utilisée à la manutention des charges. Elle se compose d'une flèche ① soudée sur un support motorisé ② qui peut pivoter suivant l'axe vertical autour de la colonne fixe ③. Le palan ④ assure le levage des charges et il peut se translater entre les points B et D.

On modélise la flèche ① par une poutre sous l'action d'une charge répartie $\vec{q}$ et d'une résistance pratique R_{pe} = 100 MPa.

1) Déterminer les actions mécaniques exercées à l'encastrement au point H.

2) Tracer les diagrammes de l'effort tranchant T_y et du moment de flexion M_{fz} le long de la poutre ①.

3) Déterminer l'équation de la déformée et déduire la flèche maximale.

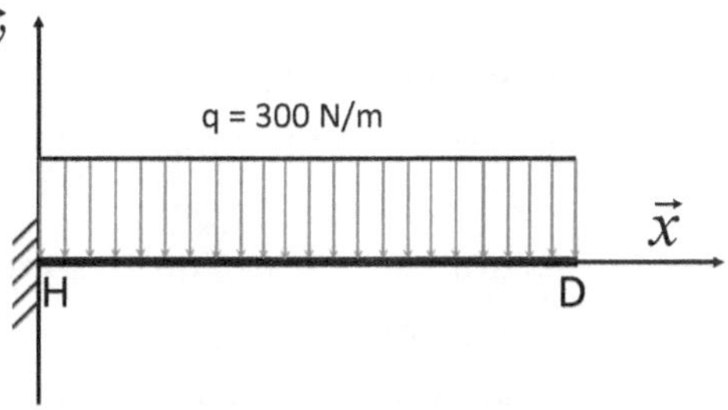

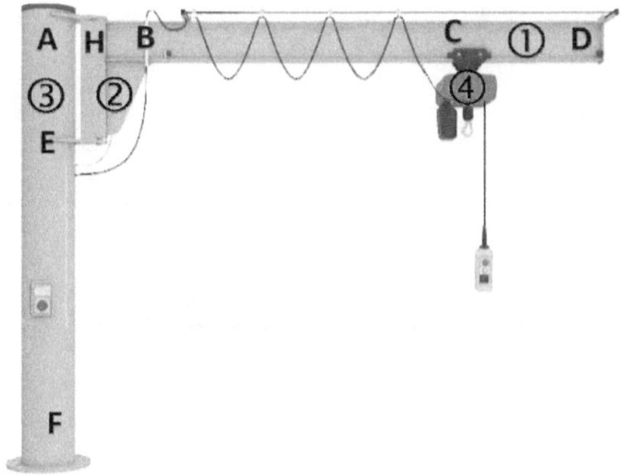

Figure E7.2.

Exercice n° 3 :

Dans une boite de vitesse, un arbre (1) de poids négligeable, de longueur L = AO = 40 mm et porte à son extrémité droite une roue dentée (2) de diamètre D = 100 mm, en liaison avec une autre roue (2) dont l'action mécanique de celle-ci au point de contact B est $\vec{F}_B(2/1) = -1\,000\ \vec{y}$ (N).

Le modèle mécanique associé à l'arbre et la roue dentée est représenté sur la Figure E7.3.

La limite élastique de l'arbre (1) et le coefficient de sécurité adopté sont respectivement, Re = 350 MPa et s = 4.

1) Déterminer les efforts extérieurs auxquels est soumis l'arbre (1).

2) Calculer les efforts au niveau de l'encastrement au point A.

3) Tracer les diagrammes des efforts tranchants et des moments fléchissants.

4) Déterminer la position sur l'arbre, où la section associée à la valeur du moment fléchissant maximal.

5) Déterminer le diamètre minimal d_{min} de l'arbre (1), en considérant la concentration de contraintes de valeur K = 2,5 au fond d'une gorge au point A.

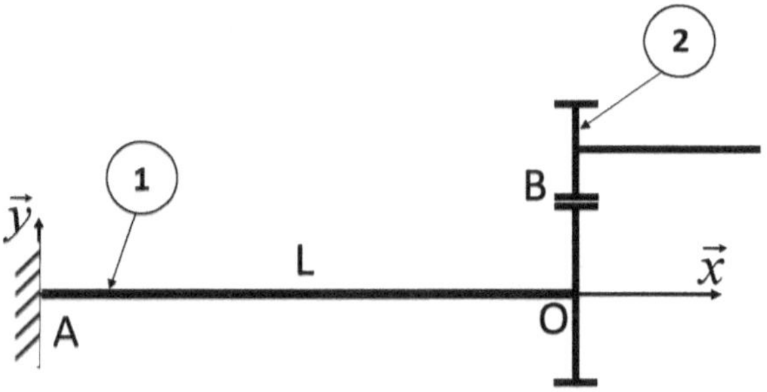

Figure E7.3.

Exercice n° 4 :

Une poutre de longueur $L = 5$ m, de diamètre $d = 300$ mm, en acier de masse volumique $\rho = 7\,800$ kg/m^3 et de module d'élasticité $E = 200$ GPa.

Le modèle associé à cette poutre est représenté sur la Figure E7.4.

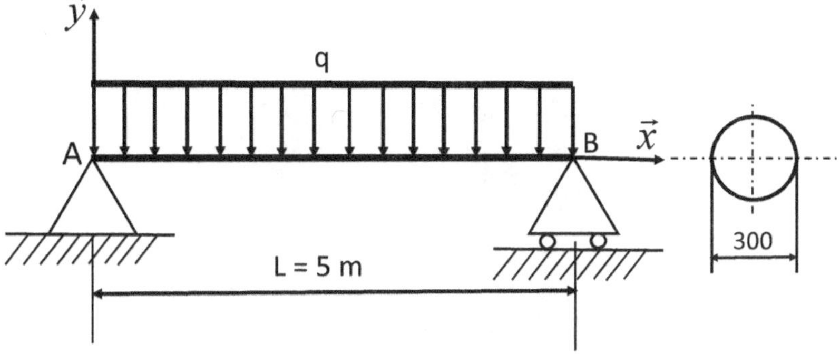

Figure E7.4.

1) Déterminer la valeur de la charge répartie q correspondant au poids de la poutre.

2) Tracer les diagrammes des efforts tranchants T_y et des moments de flexion M_{fz} le long de la poutre.

3) Déterminer l'équation de la déformée.

4) Déduire la flèche maximale.

Exercice n° 5 :

La Figure E7.5 représente une presse de carrossier qui se compose d'une fourche et d'une vis de manœuvre pour le serrage. La vis exerce un effort de serrage $\vec{F} = 25000\,\vec{x}$ (N). On se propose de calculer dans ces conditions, les contraintes dans la section AA, aux points I et J. Toutes les dimensions sont exprimées en mm et données dans la figure ci-dessous.

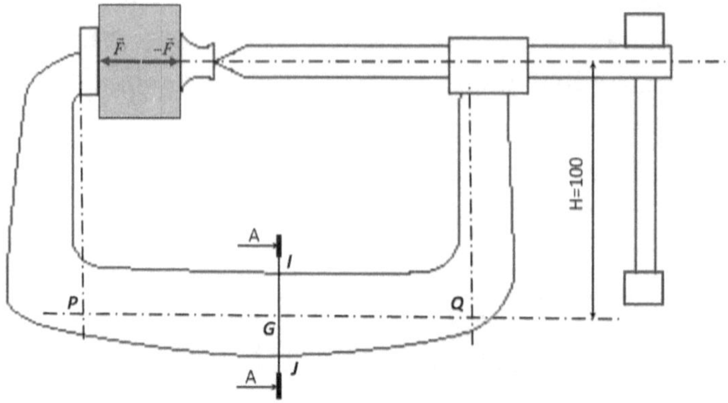

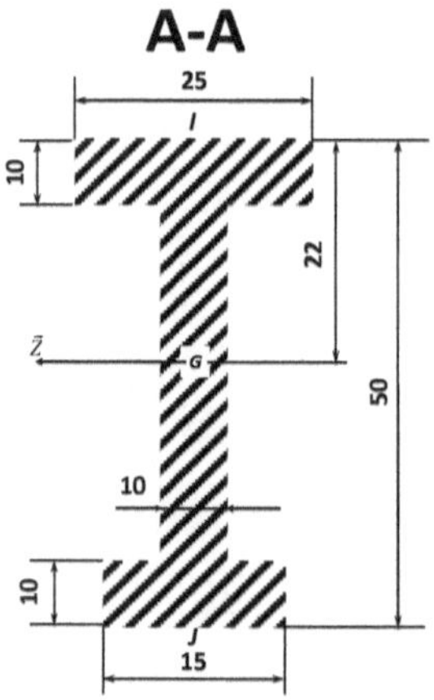

Figure E7.5.

Chapitre 8
Flambement des poutres

8.1. Généralités

Les éléments de structure longs soumis à une compression présentent un comportement particulier : le flambement. À partir d'une charge critique, la structure perd sa stabilité et se déforme brutalement, pouvant même se rompre. Ce phénomène, dû à la géométrie élancée et aux imperfections inhérentes, est crucial à comprendre pour la conception de structures sûres et efficaces en science des matériaux et en génie civil (voir Figure 8.1). Le calcul de la charge de flambement implique des formules et des analyses plus complexes, prenant en compte la non-linéarité du comportement du matériau et de la structure. Maîtriser le flambement est essentiel pour garantir la performance et la sécurité des structures longilignes.

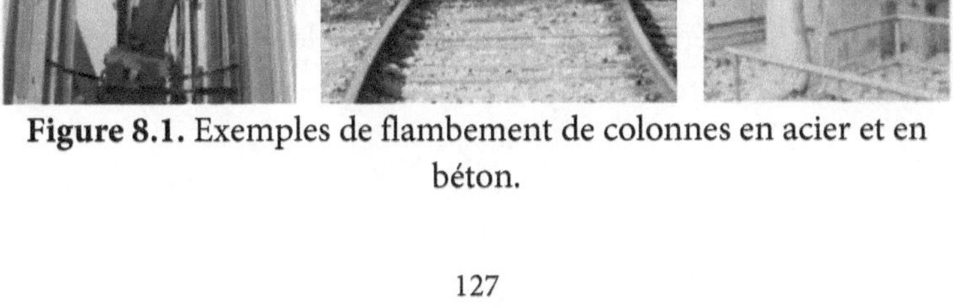

Figure 8.1. Exemples de flambement de colonnes en acier et en béton.

Les formules utilisées pour prédire le flambement des structures doivent être maniées avec précaution. En effet, le flambement est un phénomène complexe qui dépend de nombreux facteurs, dont la géométrie de la structure, les propriétés du matériau et les conditions d'application de la charge.

Pour s'assurer que les structures résistent aux charges réelles, les ingénieurs adoptent un coefficient de sécurité très élevé lors de l'utilisation des formules de flambement. Ce coefficient permet de compenser les incertitudes liées aux calculs et aux imperfections inévitables des structures.

8.2. Définition du flambement

Le flambement survient lorsqu'une barre longue et mince est soumise à une charge de compression (mécanique ou thermique). En raison des imperfections et des contraintes présentes dans la barre, une déviation non désirée se produit. Cette déviation est amplifiée par la déformation, créant un effet de balancement qui peut éventuellement conduire à un effondrement de la barre (voir Figure 8.1).

8.3. Analyse du flambement

Dans les analyses qui vont suivre concernant le flambement, nous considérons que le matériau en question présente les propriétés suivantes : élasticité, linéarité du module de Young et des propriétés mécaniques constantes.

Il est important de noter que ces hypothèses sont des simplifications qui permettent de faciliter les calculs et d'obtenir des solutions approchées. Dans la réalité, le comportement des matériaux peut être plus complexe et présenter des non-linéarités, en particulier dans les cas de déformations importantes ou de conditions extrêmes.

Considérons une barre rectiligne homogène soumise à deux forces égales et opposées.

En dessous d'une certaine valeur de F, la barre est en équilibre stable, ce qui signifie que même en étant légèrement déplacée de sa position, elle retrouve son équilibre initial une fois la perturbation cessée.

Ce phénomène est souvent associé à un comportement de rappel de la barre vers sa position d'équilibre.

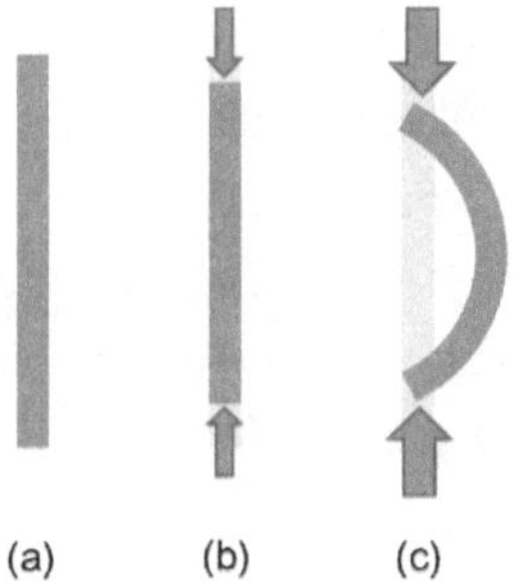

Figure 8.2. Principe du flambement.

Cependant, au-delà d'une certaine valeur de F, l'équilibre devient instable, ce qui se traduit par un changement radical dans le comportement de la barre : un écart par rapport à la position d'équilibre conduit la barre vers un autre état d'équilibre stable, différent du précédent. Le problème du flambement revient donc à déterminer le seuil de compression à partir duquel il y a bifurcation d'équilibre, une instabilité de structure. Ce seuil est la **force critique d'Euler**. La stabilité de la barre en équilibre dépend de la valeur de la force appliquée (F).

Leonhard Euler (1707-1783) est un mathématicien et physicien suisse qui a apporté des contributions significatives au domaine de la mécanique, bien que son travail ne se soit pas limité à ce domaine.

Euler est surtout connu pour sa contribution fondamentale à la compréhension du flambement des poutres. Il a établi la **formule d'Euler**, qui permet de prédire la charge critique à laquelle une poutre s'affaiblira et se déformera soudainement. Cette formule est d'une importance cruciale dans le domaine du génie civil et de la construction, car elle permet de concevoir des structures sûres et efficaces.

8.4. Force critique d'Euler

Considérons une poutre droite, articulée à ses deux extrémités A et B et soumise à une force $\vec{F}$ verticale suivant l'axe ou la ligne moyenne de la poutre.

En utilisant la relation de la déformée en flexion :

$$Mf_z = -EI_{Gz}y'' \qquad (8.1)$$

Le moment de flexion s'écrit également :

$$Mf_z = Fy \qquad (8.2)$$

En mettant à égalité les deux équations (8.1) et (8.2), nous aurons l'équation différentielle suivante :

$$EI_{Gz}y'' + Fy = 0 \qquad (8.3)$$

La solution de l'équation différentielle (8.3) est donnée par l'équation (8.4)

$$y(x) = A\sin\left(\frac{n\pi x}{L}\right) \tag{8.4}$$

Où A et n sont deux constantes d'intégration.

L désigne la **longueur libre de flambage** et dépend de la nature des liaisons aux extrémités.

Dans le cas particulier où $n=1$, $y(x) = A\sin\left(\frac{\pi x}{L}\right)$: la poutre est flambée et la déformée est un arc de sinusoïde.

Si on multiplie par la force F l'équation de la déformée $y(x)$, on trouve :

$$Fy(x) = FA\sin\left(\frac{\pi x}{L}\right) = EI_{Gz}A\frac{\pi^2}{L^2}\sin\left(\frac{\pi x}{L}\right),$$

d'où

$$F = \frac{\pi^2}{L^2}EI_{Gz} \tag{8.5}$$

Cette valeur de la force est la charge minimale de compression à partir de laquelle la poutre subit du flambement, ou encore le seuil de flambement. Cette force est aussi désignée par la charge crique d'Euler et notée F_c.

On remarque que le flambement se produit dans la direction où la poutre possède le moment quadratique I le plus faible.

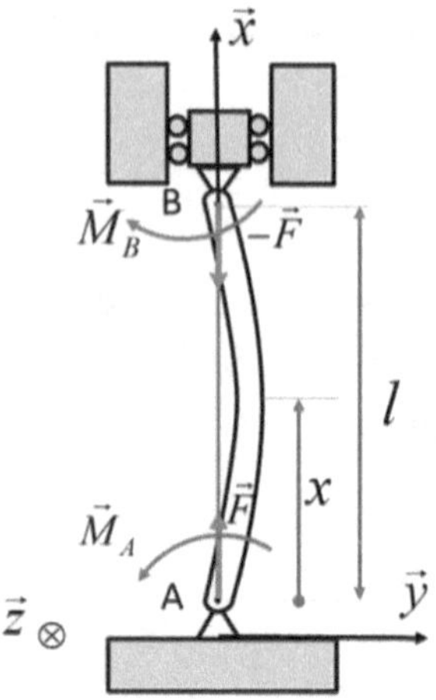

Figure 8.3. Une poutre de longueur l est soumise à ses deux extrémités A et B à deux glisseurs directement opposés provoquant le flambement de cette poutre.

8.5. Longueur libre de flambage

La longueur libre de flambage d'une poutre comprimée est fortement influencée par les conditions d'encastrement de ses extrémités. Ces conditions définissent le degré de contrainte latérale appliquée à la poutre, ce qui affecte sa capacité à résister au flambement. Le Tableau 8.1 résume les conditions définissant les liaisons aux extrémités des poutres et les longueurs libres de flambage correspondantes :

Tableau 8.1. Différentes conditions aux extrémités des poutres pour le calcul des longueurs libres de flambage.

Type de Liaison	Schéma	Longueur libre de flambage
①Liaisons pivots aux extrémités A et B.	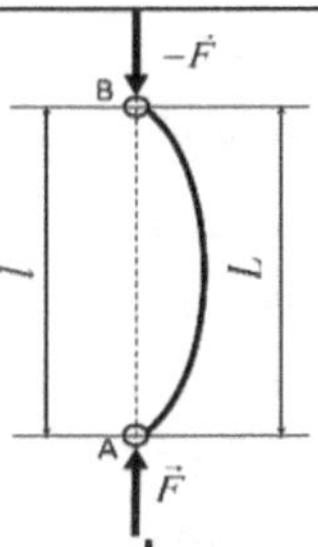	$L = l$
② Liaison encastrement en A, et extrémité libre en B.	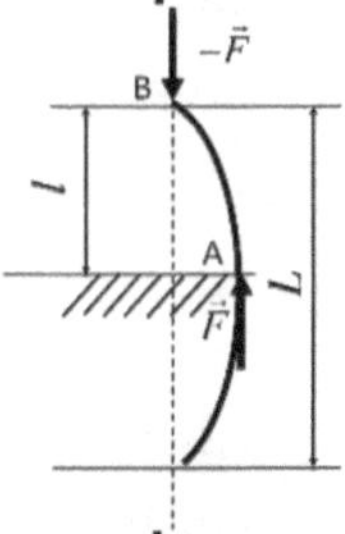	$L = 2\ l$
③ Liaisons encastrements aux extrémités A et B.	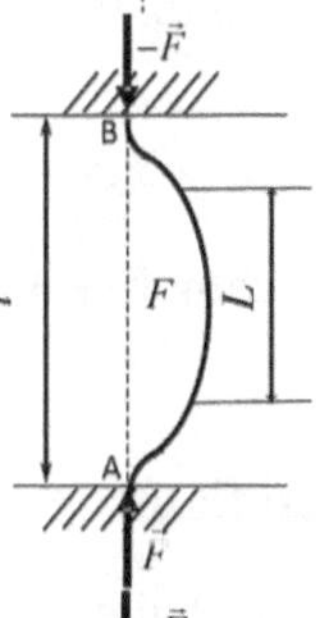	$L = \frac{l}{2}$
④ Liaison encastrement en A, et liaison pivot en B.	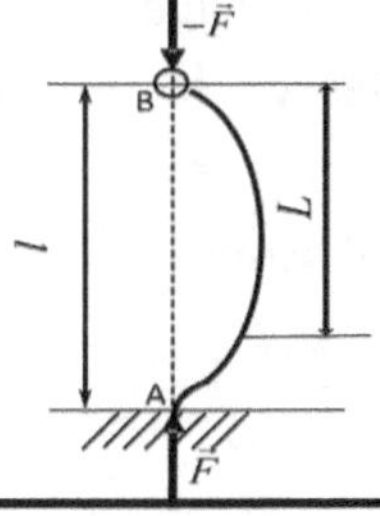	$L = 0,7\ l$

8.6. Élancement

Le flambage d'une pour est obtenue par la détermination de la charge critique d'Euler F donnée par l'équation (8.5) à condition de définir la longueur libre de flambage L qui est généralement différente de la longueur réelle de la poutre (l). En effet, la sollicitation de compression d'une poutre engendre le flambage de celle-ci dans certaines conditions. La poutre qui subisse le flambement est généralement caractérisée par une section faible et une longueur excessive ou encore un rapport section sur longueur très faible. Pour calculer une poutre en flambage on définit l'élancement λ calculé par l'équation suivante :

$$\lambda = \frac{L}{\rho} \tag{8.6}$$

Avec :

L est la longueur de libre de flambage,

ρ est le rayon de giration de la section S de la poutre.

$$\rho = \sqrt{\frac{I_{Gz}}{S}} \tag{8.7}$$

On remarque que l'élancement est une grandeur sans unités.

8.7. Contrainte critique en flambage

La longueur libre de flambage L dépend des types de liaisons appliquées aux extrémités de la poutre (voir Tableau 8.1). Nous proposons de déterminer la charge critique F en fonction de l'élancement λ de la poutre défini dans l'équation (8.6).

On a : $\lambda^2 = \dfrac{L^2}{\rho^2}$ et $\rho^2 = \dfrac{I_{Gz}}{S}$.

En substituant $\rho^2 = \frac{I_{Gz}}{S}$ dans l'expression $\lambda^2 = \frac{L^2}{\rho^2}$, on aura $\lambda^2 = \frac{L^2}{I_{Gz}} S$ ou $\frac{I_{Gz}}{L^2} = \frac{S}{\lambda^2}$

L'expression de la charge critique s'écrit alors :

$$F = \frac{\pi^2 ES}{\lambda^2} \tag{8.8}$$

On définit la contrainte critique de flambage par le rapport de la charge critique par l'aire de la section droite (S) de la poutre.

$$\sigma_c = \frac{F}{S} = \frac{\pi^2 E}{\lambda^2} \tag{8.9}$$

8.8. Élancement critique

On suppose que la contrainte critique s'identifie à la limite élastique du matériau : $\sigma_c = \sigma_e$. On aura alors :

$\sigma_e = \frac{\pi^2 E}{\lambda_c^2}$, d'où

$$\lambda_c^2 = \frac{\pi^2 E}{\sigma_e} \tag{8.10}$$

λ_c est l'élancement critique,

E est le module d'Young.

Nous remarquons que la valeur de l'élancement critique ne dépend que des propriétés mécaniques du matériau.

On donne à titre indicatif, les valeurs moyennes adoptées de l'élancement critique pour certains matériaux :

$\lambda_c \approx 100$ pour les profilés en acier

$\lambda_c \approx 60$ pour les poteaux en fonte

$\lambda_c \approx 70$ pour les poteaux en bois

8.9. Condition de résistance au flambage

8.9.1. Coefficient de sécurité

Soient F la charge axiale qu'on peut appliquer à la poutre sans manifestation du flambement et F_c la charge critique d'Euler qu'il ne faut pas l'atteindre en aucun cas. On peut définir le rapport entre ces deux gradeurs par un coefficient k qui représente un coefficient de sécurité dépendant des types des constructions et des conditions d'utilisations.

$$k = \frac{F_c}{F} \tag{8.11}$$

En général, on prend pour le coefficient k, le double du coefficient de sécurité habituel s définie par la relation suivante : ($k = 2s$)

$$s = \frac{\sigma_e}{\sigma_{pc}} \tag{8.12}$$

σ_e est la limite élastique,

σ_{pc} est la contrainte pratique en compression.

Ce qui donne par conséquent :

$$F = \frac{\sigma_{pc}}{2\sigma_e} F_c \tag{8.13}$$

8.9.2. Condition de résistance

Comme la charge critique d'Euler ne doit en aucun cas atteinte. Par la suite, il faut déterminer la charge admissible F_{adm} sur la poutre pour qu'elle résiste et reste stable en toute sécurité, autrement dit : $F_{adm} < F_c$.

Pour tenir compte de la stabilité de la poutre en toute sécurité contre le flambement, on peut considérer l'équation (8.13) :

$$F_{adm} = \frac{\sigma_{pc}}{2\sigma_e} F_c \qquad (8.14)$$

Or on a : $F_c = \frac{\pi^2 ES}{\lambda^2}$, par la suite $F_{adm} = \frac{\sigma_{pc}}{2\sigma_e}\frac{\pi^2 ES}{\lambda^2}$ et on a aussi $\lambda_c^2 = \frac{\pi^2 E}{\sigma_e}$,

D'où :

$$F_{adm} = \frac{\sigma_{pc} S}{2\left(\frac{\lambda}{\lambda_c}\right)^2} \qquad (8.15)$$

D'après l'équation (8.15) qui définisse la force admissible pour que la poutre ne subisse pas de flambage, nous pouvons noter que : $\sigma_{pc} S$ est la force axiale qu'on peut appliquer en compression simple ; et que le rapport $2\left(\frac{\lambda}{\lambda_c}\right)^2$ n'est qu'un terme correctif pour tenir compte de l'élancement de la poutre.

En effet, selon la valeur de l'élancement λ, il est courant d'utiliser l'une des trois relations suivantes pour les poutres en acier.

- Pour les poutres courtes : $\lambda < 20$

Le calcul est en compression simple :

$$F_{adm} = \sigma_{pc} S \qquad (8.16)$$

- Pour les poutres moyennes : $20 < \lambda < 100$

Dans le calcul, on utilise la formule empirique de Rankine :

$$F_{adm} = \frac{\sigma_{pc} S}{1 + \left(\frac{\lambda}{\lambda_c}\right)^2} \qquad (8.17)$$

Pour les poutres élancées : $\lambda > 100$

Dans le calcul, on utilise la formule d'Euler, donnée par l'équation (8.15) :

$$F_{adm} = \frac{\sigma_{pc} S}{2\left(\frac{\lambda}{\lambda_c}\right)^2}$$

Application :

Une vis à billes de diamètre au fond de filet $d = 25$ mm est utilisée pour déplacer un chariot de masse $M = 100$ kg. La vis est guidée à une seule extrémité par deux roulements à billes. L'écrou est situé à une distance $L = 750$ mm du palier. La vis est encastrée au niveau du palier (côté roulement) et libre du côté écrou (montage flottant).

On donne les caractéristiques suivantes :

— Élancement critique de la vis : $\lambda_c = 50$

— Résistance pratique de l'acier : $R_{pc} = 120$ MPa

Questions :

1) Calculer la charge axiale maximale admissible sur la vis.

2) Déterminer si la vis peut supporter la charge du chariot, sachant que l'accélération gravitationnelle est g = 9,8 m/s².

Solution :

1) Calcul de la charge axiale maximale admissible sur la vis :

- Calcul de la section de la vis :

$$S = \pi \frac{d^2}{4} = \pi * \frac{(25^2)}{4} \approx 490{,}62 \text{ mm}^2$$

- Calcul du moment quadratique de la section :

$$I_{Gz} = \frac{\pi d^4}{64} \; ; \; I_{Gz} = \pi \frac{25^4}{64} \approx 19168 \text{ mm}^4$$

- Calcul du rayon de giration :

$$\rho = \sqrt{\frac{I_{Gz}}{S}}; \ \rho = \sqrt{\frac{19168}{490.62}} = 6{,}25 \text{ mm}$$

- Élancement de la vis : encastrée d'un côté et libre de l'autre côté : L= $2l$

$$\lambda = \frac{2l}{\rho}; \ \lambda = \frac{2 \times 750}{6.25} = 240 \ \ (\textit{Euler s'applique})$$

- La charge admissible :

$$F_{adm} = \frac{R_{pc}.S}{2\left(\frac{\lambda}{\lambda_c}\right)^2}; \ F_{adm} = \frac{120 \times 490.62}{2 \times \left(\frac{240}{50}\right)^2}; \ F_{adm} \approx 1278 \text{ N}$$

2) La charge du chariot est $F = M.g$ =100×9,8 = 980 N

$F_{adm} > F$ donc la vis peut supporter la charge du chariot. (1 278 N > 980 N).

Énoncés des exercices du chapitre n° 8

Flambement des poutres

Exercice n° 1 :

Un profilé en UPN 40 en acier de limite élastique $R_e = 240$ MPa et module d'Young E = 200 GPa. Il est encastré entre deux points A et B distants de tels que $\overrightarrow{AB} = 1,5\vec{y}$ (m). Ce profilé est soumis à un effort vertical d'intensité F = 30 kN, comme indiqué sur la Figure E8.1.

On donne les caractéristiques suivantes de la section du profilé.

$I_{Gx} = 1,12 \times 10^4$ mm^4

$I_{Gz} = 7,6 \times 10^4$ mm^4

$S = 3,66 \times 10^4$ mm^2

1) Calculer le rayon de giration de la section droite ρ .

2) Calculer l'élancement de la poudre λ .

3) Quelle est la charge maximale admissible F_{adm} .

4) Calculer la charge critique d'Euler F_{cr} et déduire le coefficient de sécurité k sachant que $k = \dfrac{F_{cr}}{F_{adm}}$.

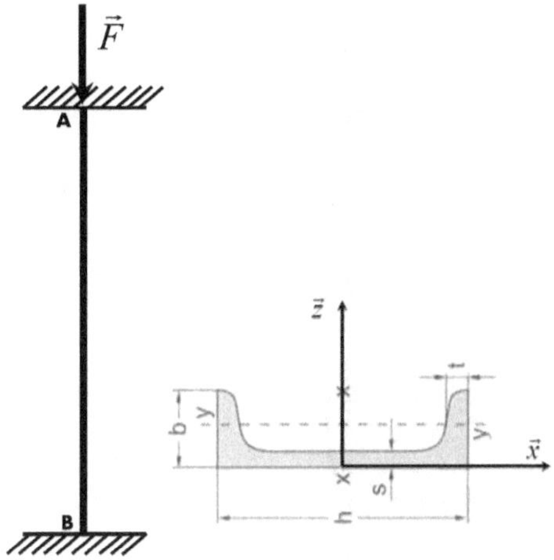

Figure E8.1.

Exercice n° 2 :

Une barre en acier de module d'Young E = 200 GPa et de limite élastique R_e = 205 MPa. Cette barre est de section rectangulaire 25×50 et elle est articulée à ces deux extrémités A et B, supportant une force axiale $\vec{F}$ (voir Figure E8.2.).

1) Calculer la longueur minimale l_0 = AB pour que cette barre résiste au flambement.

2) Déterminer la contrainte critique lorsque la longueur de cette barre est égale à l = 1,5 m.

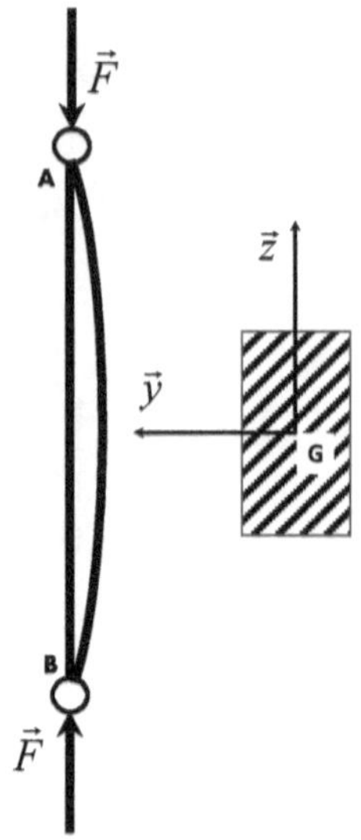

Figure E8.2.

Exercice n° 3 :

Soit une barre en acier de section circulaire est encastrée à l'une de ses extrémités et libre à l'autre extrémité et de longueur égale $L = 2$ m.

1) Déterminer le diamètre de la section sur la charge critique est de cette barre est $F_{cr} = 500$ kN.

2) Déterminer l'élancement de cette barre.

Exercice n° 4 :

Un profilé HE300 en acier, de longueur L = 4 m est encastré à son extrémité A et libre à l'autre extrémité B. Ce profilé supporte au point C de même niveau que le point B une charge F = 300 kN, tels que $BC = 300$ mm.

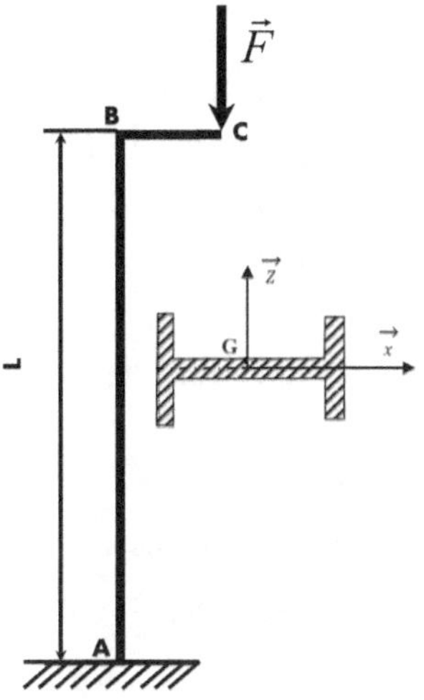

Figure E8.4.

1) Calculer le rayon de giration de la section droite du profilé.

2) Déterminer l'élancement du profilé.

3) Quelle est la charge maximale admissible ?

4) Calculer la charge critique et en déduire le coefficient de sécurité k.

On donne pour ce profilé les caractéristiques matérielles et géométriques suivantes :

Module d'Young E = 200 GPa

Limite élastique R_e = 240 MPa

Élancement critique $\lambda_c = 60$

Résistance pratique R_{pc} = 200 MPa

Moment quadratique $I_{Gx} = 8563 \times 10^4$ mm^4

Moment quadratique $I_{Gz} = 25166 \times 10^4$ mm^4

Section du profilé $S = 149{,}1 \times 10^2$ mm^2

Exercice n° 5 :

Une colonne verticale en acier de section carrée de côté égal à $a = 30$ mm, de limite élastique $R_e = 240$ MPa et de module d'Young E = 200 GPa, est encastrée à deux extrémités A et B. Cette colonne de longueur L = 2 m, est soumise à une charge de compression comme la montre la Figure E8.5.

1) Calculer le rayon de giration de la section droite de cette colonne.

2) Déterminer l'élancement.

3) Déterminer la charge de compression critique.

4) Déterminer la contrainte critique.

On donne :

Élancement critique $\lambda_c = 60$

Résistance pratique $R_{pc} = 120$ MPa

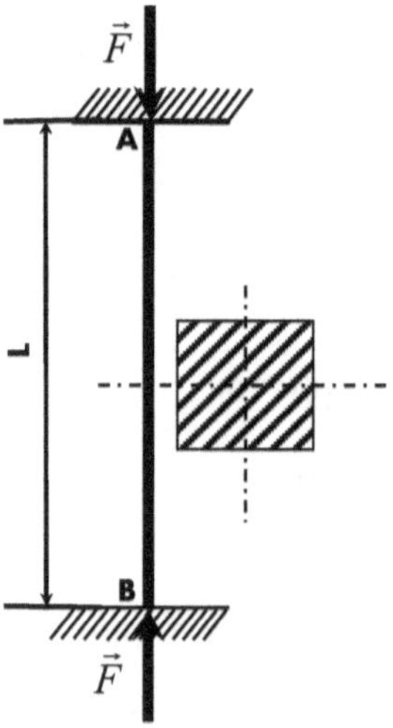

Figure E8.5.

Références

Guiet A. et Germinard L., *Résistance des matériaux*, Éds. Dunod, Paris, 1994.

Doubrère J.C., *Résistance des matériaux : cours et exercices*, Éds. Eryolles, Paris, 2001.

Fanchon J.L., *Guide des sciences et technologies industrielles*, Éds. Afnor Nathan, Paris, 2001.

Chevalier L., *Guide de calcul en mécanique*, Éds. Hachette, Paris, 1993.

Ben Halima S., Bouattour B. et Dammak M., *Résistance des matériaux, cours et exercices corrigés*, Edilivre, Paris, 2020.

Agati P., Mattera N. *Mécanique appliquée*, Éds. Dunod, Paris, 1996.

Case J. et Chilver L., *Strength of materials and Structures*, Éds. John Wiley & Sons Inc., New York, 1999.

Bazergui A., *Résistance des matériaux*, Éds. École Polytechnique, 3e édition, 2003.

Nash W.A., Potter M.C. *Strength of materials*, 6e édition, Mc Graw Hill Education, 2013.

Hibbeler R.C. *Mechanics of materials*, Prentice Hall, 8e édition, 2010.

Table des matières

Préface 5

À propos de l'auteur 9

Résumé 11

Chapitre 1 – Introduction à la Résistance des matériaux 13

1.1. Généralités 13

1.2. L'histoire de la RDM 16

1.3. But de la RDM 18

1.4. Hypothèses de la RDM 19

1.4.1. Hypothèse sur le matériau 19

1.4.2. Hypothèse sur la géométrie du matériau 20

1.4.3. Hypothèses sur les déformations 20

1.5. Définition de la poutre 21

1.6. Efforts extérieurs et liaisons pour les poutres 22

1.7. Équilibre d'un corps 23

Énoncés des exercices du chapitre n° 1 24

Chapitre 2 – Torseur de cohésion 25

2.1. Notion de Torseur 25

2.1.1. Définition du torseur 25

2.1.2. Éléments de réduction du torseur en un point P 26

2.1.3. Transport de torseurs 26

2.1.4. Propriétés des torseurs 27

2.2. Notions d'efforts de cohésion ... 28
2.3. Détermination du torseur de cohésion ... 29
2.4. Sollicitations simples ... 32
2.5. Notion de contrainte ... 33
2.5.1. Vecteur contrainte ... 33
2.5.2. Vecteur contrainte normale et tangentielle ... 34
2.5.3. Un peu d'histoire : Concept de contrainte ... 36
2.6. Notion de déformation ... 37
2.7. Types de chargement ... 38
Énoncés des exercices du chapitre n° 2 ... 40
Chapitre 3 – Traction simple ... 45
3.1. Définition de la traction simple ... 45
3.2. Essai de la traction simple ... 47
3.2.1. Étude de contraintes en traction ... 48
3.2.2. La déformation en traction ... 51
3.3. Loi de Hooke ... 52
3.4. Condition de résistance ... 53
3.5. La concentration des contraintes ... 55
3.6. Contraintes dans une section inclinée ... 58
Énoncés des exercices du chapitre n° 3 ... 62
Chapitre 4 – Cisaillement simple ... 63
4.1. Définition du cisaillement simple ... 63
4.2. Torseur de cohésion en cisaillement simple ... 64
4.3. Essai de cisaillement simple ... 65
4.4. Courbe contrainte déformation en cisaillement ... 65
4.5. Condition de résistance au cisaillement ... 68
4.6. Matage des clavettes ... 68
4.6.1. Définition du matage ... 68

4.6.2. Dimensionnement 69

Énoncés des exercices du chapitre n° 4 71

Chapitre 5 – Caractéristiques géométriques des sections planes 75

5.1. Définitions 75

5.1.1. Barycentre d'une section plane 75

5.1.2. Moment statique d'une section plane 77

5.1.3. Relation entre moment statique et centre de gravité. 79

5.2. Moment quadratique d'une surface plane 79

5.3. Moment polaire d'une section plane 81

5.4. Rayon de giration 81

5.5. Produit d'inertie 85

5.6. Transformation des moments d'inertie 85

5.6.1. Axes parallèles 86

5.6.2. Théorème d'Huygens 87

5.6.3. Rotation d'axes 89

Énoncés des exercices du chapitre n° 5 92

Chapitre 6 – Torsion simple 95

6.1. Définition 95

6.2. Torseur de cohésion 95

6.3. Essai de torsion simple 96

6.4. Détermination des contraintes en torsion 98

6.5. Relation entre contrainte et moment de torsion 99

6.6. Condition de résistance à la torsion 100

6.7. Condition de rigidité 101

6.8. Concentration de contraintes 101

Énoncés des exercices du chapitre n° 6 103

Chapitre 7 – Flexion simple 107

7.1. Définition 107
7.2. Relation entre effort tranchant et moment fléchissant 109
7.3. Étude de la déformation 111
7.4. Relation entre contrainte normale et moment fléchissant 113
7.5. Condition de résistance à la flexion 115
7.6. Concentration de contraintes 115
7.7. Principe de la superposition 116

Énoncés des exercices du chapitre n° 7 122

Chapitre 8 – Flambement des poutres 127
8.1. Généralités 127
8.2. Définition du flambement 128
8.3. Analyse du flambement 128
8.4. Force critique d'Euler 130
8.5. Longueur libre de flambage 132
8.6. Élancement 134
8.7. Contrainte critique en flambage 134
8.8. Élancement critique 135
8.9. Condition de résistance au flambage 136
8.9.1. Coefficient de sécurité 136
8.9.2. Condition de résistance 136

Énoncés des exercices du chapitre n° 8 140

Références 145

www.ingramcontent.com/pod-product-compliance
Lightning Source LLC
Chambersburg PA
CBHW020552051126
54379CB00040B/503
* 9 7 8 2 4 1 4 6 3 8 1 6 1 *